U0235807

## 雅趣小书

丛书主编 鲁小俊

# 猫苑

[清] 黄汉 著

严五代 注译

谢晓虹 绘

长江出版传媒 崇文书局

# 前言

　　鲁小俊教授主编的十册"雅趣小书"即将由崇文书局出版,编辑约我写一篇总序。这套书中,有几本是我早先读过的,那种惬意而亲切的感觉,至今还留在记忆之中。于是欣然命笔,写下我的片段感受。

　　"雅趣小书"之所以以"雅趣"为名,在于这些书所谈论的话题,均为花鸟虫鱼、茶酒饮食、博戏美容,其宗旨是教读者如何经营高雅的生活。

　　南宋的倪思说:"松声,涧声,山禽声,夜虫声,鹤声,琴声,棋落子声,雨滴阶声,雪洒窗声,煎茶声,作茶声,皆声之至清者。"(《经鉏堂杂志》卷二)

明代的陈继儒说："香令人幽，酒令人远，石令人隽，琴令人寂，茶令人爽，竹令人冷，月令人孤，棋令人闲，杖令人轻，水令人空，雪令人旷，剑令人悲，蒲团令人枯，美人令人怜，僧令人淡，花令人韵，金石鼎彝令人古。"（《幽远集》）

倪思和陈继儒所渲染的，其实是一种生活意境：在远离红尘的地方，我们宁静而闲适的心灵，沉浸在一片清澈如水的月光中，沉浸在一片恍然如梦的春云中，沉浸在禅宗所说的超因果的瞬间永恒中。

倪思和陈继儒的感悟，主要是在大自然中获得的。但在他们所罗列的自然风物之外，我们清晰地看见了"香""酒""琴""茶""棋""花""虫""鹤"的身影。这表明，古人所说的"雅趣"，是较为接近自然的一种生活情调。

读过《儒林外史》的人，想必不会忘记结尾部分的四大奇人："一个是会写字的。这人姓季，名遐年。""又一个是卖火纸筒子的。这人姓王，名太。……他自小儿最喜下围棋。""一个是开茶馆的。这人姓盖，名宽，……

后来画的画好，也就有许多做诗画的来同他往来。""一个是做裁缝的。这人姓荆，名元，五十多岁，在三山街开着一个裁缝铺。每日替人家做了生活，余下来工夫就弹琴写字。"《儒林外史》第五十五回有这样一段情节：

一日，荆元吃过了饭，思量没事，一径踱到清凉山来。这清凉山是城西极幽静的所在。他有一个老朋友，姓于，住在山背后。那于老者也不读书，也不做生意，养了五个儿子，最长的四十多岁，小儿子也有二十多岁。老者督率着他五个儿子灌园。那园却有二三百亩大，中间空隙之地，种了许多花卉，堆着几块石头。老者就在那旁边盖了几间茅草房，手植的几树梧桐，长到三四十围大。老者看看儿子灌了园，也就到茅斋生起火来，煨好了茶，吃着，看那园中的新绿。这日，荆元步了进来，于老者迎着道："好些时不见老哥来，生意忙的紧？"荆元道："正是。今日才打发清楚些，特来看看老爹。"于老者道："恰好烹了一壶现成茶，请用杯。"斟了送过来。荆元接了，坐着吃，道："这茶，色、香、味都好，老爹却是那里取来的这样好水？"于老者道："我们城西不比你城南，到处井泉都是吃得的。"

荆元道："古人动说桃源避世，我想起来，那里要甚么桃源？只如老爹这样清闲自在，住在这样城市山林的所在，就是现在的活神仙了！"

这样看来，四位奇人虽然生活在喧嚣嘈杂的市井中，其人生情调却是超尘脱俗的，这也就是陶渊明《饮酒》诗所说的"结庐在人境，而无车马喧"。

"雅趣"可以引我们超越扰攘的尘俗，这是《儒林外史》的一层重要意思，也可以说是中国文化的特征之一。

古人有所谓"玩物丧志"的说法，"雅趣"因而也会受到种种误解或质疑。元代理学家刘因就曾据此写了《辋川图记》一文，极为严厉地批评了作为书画家的王维和推重"雅趣"的社会风气。

辋川山庄是唐代诗人、画家王维的别墅，《辋川图》是王维亲自描画这座山庄的名作。安史之乱发生时，王维正任给事中，因扈从玄宗不及，为安史叛军所获，被迫接受伪职。后肃宗收复长安，念其曾写《凝碧池》诗怀念唐王朝，又有其弟王缙请削其官职为他赎罪，遂从宽处理，仅降为太子中允，之后官职又有升迁。

刘因的《辋川图记》是看了《辋川图》后作的一篇跋文。与一般画跋多着眼于艺术不同，刘因阐发的却是一种文化观念：士大夫如果耽于"雅趣"，那是不足道的人生追求；一个社会如果把长于"雅趣"的诗人画家看得比名臣更重要，这个社会就是没有希望的。

中国古代有"文人无行"的说法，即曹丕《与吴质书》所谓"观古今文人，类不护细行，鲜能以名节自立"。后世"一为文人，便不足道"的断言便建立在这一说法的基础上，刘因"一为画家，便不足道"的断言也建立在这一说法的基础上。所以，他由王维"以前身画师自居"而得出结论："其人品已不足道。"又说：王维所自负的只是他的画技，而不知道为人处世以大节为重，他又怎么能够成为名臣呢？在"以画师自居"与"人品不足道"之间，刘因确信有某种必然联系。

刘因更进一步地对推重"雅趣"的社会风气给予了指斥。他指出：当时的唐王朝，"豪贵之所以虚左而迎，亲王之所以师友而待者"，全是能诗善画的王维等人。而"守孤城，倡大义，忠诚盖一世，遗烈振万古"的颜杲卿却与盛名无缘。风气如此，"其时事可知矣！"他斩钉截铁地告诫读者说：士大夫切不可以能画自负，也不要推重那些能画的人，坚持的时间长了，或许能转移"豪贵王公"的好尚，促进社会风气向重名节的方向转变。

刘因《辋川图记》的大意如此。是耶？非耶？或可或否，读者可以有自己的看法。而我想补充的是：我们的社会不能没有道德感，但用道德感扼杀"雅趣"却是荒谬的。刘因值得我们敬重，但我们不必每时每刻都扮演刘因。

"雅趣小书"还让我想起了一篇与郑板桥有关的传奇小说。

郑板桥是清代著名的"扬州八怪"之一。他是循吏，是诗人，是卓越的书画家。其性情中颇多倜傥不羁的名士气。比如，他说自己"平生谩骂无礼，然人有一才一技之长，一行一言之美，未尝不啧啧称道。囊中数千金随手散尽，爱人故也"（《淮安舟中寄舍弟墨》），就确有几分"怪"。

晚清宣鼎的传奇小说集《夜雨秋灯录》卷一《雅赚》一篇，写郑板桥的轶事（或许纯属虚构），很有风致。小说的大意是：郑板桥书画精妙，卓然大家。扬州商人，率以得板桥书画为荣。唯商人某甲，赋性俗鄙，虽出大价钱，而板桥决不为他挥毫。一天，板桥出游，见小村落间有茅屋数橼，花柳参差，四无邻居，板上一联云："逃出刘伶禅外住，喜向苏髯腹内居。"匾额是"怪叟行窝"。这正对板桥的口味。再看庭中，笼鸟盆鱼与花卉芭蕉相掩映，室内陈列笔砚琴剑，环境优雅，洁无纤尘。这更让板桥高兴。良久，主人出，仪容潇洒，慷慨健谈，自称"怪叟"。鼓琴一曲，音调清越；醉后舞剑，顿挫屈蟠，不减公孙大娘弟子。"怪叟"的高士风度，令板桥为之倾倒。此后，板桥一再造访"怪叟"，"怪叟"则渐谈诗词而不及书画，板桥技痒难熬，自请挥毫，顷刻十余帧，一一题款。这位"怪叟"，其实就是板桥格外厌恶的那位俗商。他终于"赚"得了板桥的书画真迹。

《雅赚》写某甲骗板桥。"赚"即是"骗"，却又冠以"雅"

字，此中大有深意。《雅赚》的结尾说："人道某甲赚本桥，余道板桥赚某甲。"说得妙极了！表面上看，某甲之设骗局，布置停当，处处搔着板桥痒处，遂使板桥上当；深一层看，板桥好雅厌俗，某甲不得不以高雅相应，气质渐变，其实是接受了板桥的生活情调。板桥不动声色地改变了某甲，故曰："板桥赚某甲。"

在我们的生活中，其实也有类似于"板桥赚某甲"的情形。比如，一些囊中饱满的人，他们原本不喜欢读书，但后来大都有了令人羡慕的藏书：二十四史、汉译名著、国学经典，等等。每当见到这种情形，我就为天下读书人感到得意："君子固穷"，却不必模仿有钱人的做派，倒是这些有钱人要模仿读书人的做派，还有比这更令读书人开心的事吗？

"雅趣小品"的意义也可以从这一角度加以说明：它是读书人经营高雅生活的经验之谈，也是读书人用来开化有钱人的教材。这个开化有钱人的过程，可名之为"雅赚"。

陈文新

2017.9 于武汉大学

雅趣小书

# 猫苑

## 目录

译文

猫苑

雅趣小书

原文

猫苑

雅趣小书

卷上

一 种类 二八

二 形相 三九

三 毛色 四四

四 灵异 五二

卷下

一 名物 九二

二 故事 一〇八

三 品藻 一二三

卷上

一 种类 一三八

二 形相 一五一

三 毛色 一六〇

四 灵异 一六九

卷下

一 名物 二一四

二 故事 二三三

三 品藻 二五〇

# 导　读

猫美丽而优雅，人们爱猫的理由大体一致，而憎猫的理由却各不相同。爱猫的人，爱它澄澈的眼睛，爱它轻盈的体态，爱它柔软的身姿，爱它温柔润泽的皮毛，更爱它自足自乐的清高姿态。有人憎猫，如鲁迅"仇猫"，憎恶其叫春的声音，但这终究有季节性。有人憎它懒惰，吃饭不管事；有人憎它高傲，不像狗一样以人类为中心。

《诗经》载"有熊有罴，有猫有虎"，把猫与熊、老虎等猎食者归为一类，这确实让人匪夷所思。但在诗经时代，猫确实是成功的掠食者猛兽形象。因其超凡的捕鼠本领，猫与人结下了不解之缘。宋朝的训诂书《埤雅》里，就讲到猫、鼠、人这三者的关系："鼠害苗，而猫能捕鼠，去苗之害，故猫字从苗"。从这里还可以看出，猫的得名大概也是因为其护苗有功。从人类驯养动物的普遍规律来看，作为纯粹的肉食动物，猫不是理想的家畜，它会偷吃鸡鸭，但这和它平定鼠患的强大功能相比也就无足轻重了，猫略施小计就能得到人类的宠爱，逐渐与人类获得一种舒适的相处方式。

中国文人大都爱好藏书。书于文人，既充实了生活，慰藉了心灵，也装点了门面。尤其在宋以后，文化的繁荣，印刷术的发展，使得藏书之风渐盛。然而纸质书是脆弱的，总会遭到老鼠撕咬，所以文人多养猫护书。古人养猫，态度十分庄重，迎猫如纳妾，需下聘礼。以柳枝穿鱼或米饭裹盐，送给东家。陆游就有"裹盐迎得小狸奴，尽护山房万卷书"的句子流传。诗人"裹盐"迎门也不失为厚礼，古代盐价昂贵，盐与缘音似，也取缘分之意。作为文人书房中的良伴，文人大都爱猫，诗词中也常有咏叹之作，清辞丽句，为猫增色不少。

古人对猫还有一种敬畏之情。因为粮食和老鼠，老鼠和猫的天然联系，猫一直受到古人的崇拜，《礼记》中有"迎猫以祭"的传统。除了崇拜，古人对猫还怀有一种恐惧之情，这也许与猫多夜行有关，古代有猫拜月成精的传说，也有养猫鬼的骇人巫蛊之术。

人与猫因老鼠而结缘，猫从田舍农民的救星到书房文人的良友，再到祭坛上的崇拜与恐惧，其间包含了人类对猫的复杂情感与丰富的想象。猫的驯养有近万年的历史，但猫似乎从未完全被人驯服，它依然行事警觉，爪尖牙利，温驯而难掩锋芒。今天的猫已是最驯良的家畜，也是家庭中一种绝妙的点缀品，人们引猫为伴，绝不单是用以捕鼠而已。

清人黄汉也是爱猫一族。黄汉博采古代猫事，撰成《猫苑》一书，书分为种类、形相、毛色、灵异、名物、故事、品藻等七个部分，分析细密且有条理。现译注《猫苑》一书，以供猫迷赏阅，囿于篇幅，部分章节有所删减。

严五代

2017.12.

# 自 序

猫的身世，和普通兽类一样，因关涉人世间事而与人结缘，比照其他兽类确实有它独特奇异的地方。为什么呢？大概是古人把猫当作神来迎接的，认为它有灵性。把猫呼作猫仙的，认为它会修行。把它蓄养在佛寺的，认为它有悟性。有的因它凶猛而称它为将军，有的因它有德行而给予它官职，有的因它能暴力压服老鼠而被推为王。而这些都是猫享有的特殊礼遇。另外，有视它为鬼而憎恶它的，有视它作妖而畏惧它的，有视它作精怪而害怕它的。大概也是因为猫的灵异不合群，才招致种种非议。但妖精因人而兴起，与猫又有什么关系呢？并且有人呼唤猫作姑娘、兄弟、奴隶的，那都是怜爱它、喜欢它才这么做的。像猫还有妲己之称，不更是因为它柔媚而令人喜爱啊。至于把猫呼作公公、婆婆、儿子，这些都是世俗所常用的称呼，更不必认为猫怪异不群。

猫与众不同之处在于它天性机灵，充满生机，运动灵捷。捕鼠之余，不是在屋角高鸣，便在花木阴凉中闲卧，捕蝉扑蝶，沉静安闲地玩耍，悠然自得；哺育猫仔，嬉戏于猫群，沉浸、满足于自己的小世界。它对世人而言不是繁重的累赘，于世事没有草率的过失，对粮作物的生长有守护之功，对豢养它的家人有依恋难舍之情，它功劳显赫，充满趣味，哪里能不让人爱怜它，看中它呢。因此用柳枝穿鱼，米饭裹盐，迎接新猫一丝不苟，为猫制作的铜铃金锁，装饰优美。它吃鲜鱼，睡暖毯，士大夫放到纱帐里宠爱它，妇人怀抱着爱怜它，它倍加享受，比较众兽类怎么样呢！然而猫结缘人间世事，除非遇到十分亲切不能与它分离的主人，猫才能有此种优厚待遇，这就是猫与群兽相比的独到之处。

呜呼！猫身躯虽小，但也是阴阳之气偏胜的产物。它可以为世所用，与人为友，为兽类增添了不少光彩，这不也是猫的荣幸吗？每个人都有偏好，我唯独爱猫；也许是爱它有神的灵异，有仙的清修，有佛的慧悟；爱它有将军的勇猛，有官员的贤德，有霸王的威风；也爱它并没有鬼、妖、精的可憎、可怯与可畏之处，而徒有为鬼、为妖、为精的虚名罢了；也爱它有姑姑、兄弟、爱奴、妲己的让人怜、让人爱、让人感到柔媚的称呼，但没有姑姑、兄弟、爱奴、妲己的实质啊；大概也爱它能够与公公、婆婆、儿子等称呼名实相符啊。这就是我作《猫苑》的原因。

咸丰壬子年（1852）夏至日，瓯滨逸客黄汉自序。

种类

兽类繁多，猫本是兽中一种，然而猫的品种多样，其间的区别又大，因此要向上追论，必定要先依顺它的种类继而类推及它的品种。这并不仅仅是要提供辨析考证，也有助于认识鸟兽虫鱼之名，因此辑录了《种类》一章。

老鼠迫害庄稼苗而猫捕捉它，所以猫字从苗。（《埤雅》）

猫字有苗、茅两个音，猫能自己呼叫自己的名字。（《本草纲目》）

猫，在生物群分类系统上是狌狸属。（《博雅》）

猫在生物群分类系统上为狌狸属，所以叫它狸奴。（《韵府》）

黄汉按：《说文》："猫是狌狸属。"狌狸一词，《广雅》里写作"貓狸"。

猫属兽类，在五行中属火，因此善攀高，喜嬉戏，怕雨厌恶湿气，也易受惊吓，这些都是属火的举动。与老虎一样与寅相配。有人说猫属于丁火，外阳内阴，所以在夜

猫苑

译文

卷上

晚尤其灵敏。（《物性纂异》）

黄汉按：猫、虎属性特别相似。《诗经》说："有猫有虎。"应该是连缀同类事物来说。还有的书记载老虎属寅得丙，猫属卯得丁，因此老虎承禀纯阳之气，而猫则是阴阳之气都有。这一说法意思上也说得通。

黄汉又按：古人把猫和狸并称。《韩非子》记载："用狸招引老鼠，用冰招引苍蝇，必然不能成功。"又说："让鸡报时，让狸抓鼠，都是利用他们的才能。"《庄子》记载："羊沟的斗鸡，用狸的脂膏涂在头上，所以斗的时候往往胜敌。"司马彪《庄子》注说："鸡害怕狸膏。"《说苑》记载："使骐骥捕鼠，不如百钱之狸。"《盐铁论》记载："老鼠困厄了会咬狸。"这些都是将猫和狸并称。《抱朴子》记载："寅日在山上，自称为'令长'的是老狸。"因为猫属于狸类，与老虎都为寅，这些意义都相切合。

家猫叫作猫，野猫就叫狸。狸也有好多种，跟狐狸一样大小，毛杂有黄黑色，有猫一样的花纹。而圆头大尾巴的，叫作猫狸，善偷鸡鸭。（《正字通》）

黄汉按：俗语说宽嘴的是猫，尖嘴的是猫狸。

有种灵猫，生在南海的山谷里，样子似狸，雌雄同体，阴部香如麝香。（《本草纲目》）

待诏黄钊说："灵猫，在《肇庆志》中见过，就是《山海经》所记载的那种叫'类'的动物。它雌雄同体，又叫'不求人'，样貌似猫，但是力大气盛，其性情十分狂野难驯。观察夏森圃兼任肇庆知府时，买了一只，因《山海经》有食用灵猫肉后便不嫉妒的说法，命厨子烹调好端送给他夫人。他夫人不想吃，便送给书房下饭。我当时教授他家公子读书，便吃了灵猫肉，味道跟猫肉相似。"

有一种香猫，像狸，产自大埋府。化纹像金钱豹，这就是《楚辞》所说的纹理，王逸称之为神狸。（《丹铅录》）

《星禽真形图》记载：心月狐，一身具有雌雄两种性器官。它是神狸吗？（《本草集解》）

香狸有四个睾丸，它能雌雄同体。（《酉阳杂俎》）

黄汉按：《楚辞》与《星禽图》记载的神狸，名称确实一样但是实质不同，大概是一个说的是兽类，一个说的是星宿。所提到的自为雌雄的动物，则与《本草纲目》所说的灵猫，《山海经》所说的类，都是同一物种。至于刘郁《西域记》中的黑契丹也出产香狸，花纹像土豹，粪溺都香如麝。这则记载便与陆氏《八纮译史》所载的"陁入多国的山狸，形似麝，肚脐上有个肉囊，其中满是香味"一条中记载的物种，似乎又非同类，唯一的相似之处是都称作狸而不称猫。而《丹铅录》中说香猫就是神狸，必定是有它的依据的。

一种玉面狸，人捕捉后蓄养起来，老鼠全都吓得紧贴在一起不敢出来。（《广雅》）

黄汉按：《闽记》里记载："牛尾狸，又叫玉面狸。"也善于捕鼠。而刺史张应庚说："神狸、玉面狸，都叫狸，所以的确也不是猫。虽然有野猫为狸的说法，但野猫形貌与猫相近，只不过有家与野的区别。但狸则身长似犬，大不相同，应该与狐狸才是同类。"

　　一种猫叫作蒙贵，像猫但是比猫大些，腿长且尾巴卷曲，捕老鼠比普通猫要迅捷。（《海语》）

　　有一种虦猫，长的像老虎但毛色较浅，《尔雅》称为虎窃毛。

　　黄汉按：虦，《韵会》写作虥，音与栈相同。《玉篇》说"是猫"。考证《尔雅》，说狻麑，像虦猫，能吃虎豹。

　　有一种海狸，出产于登州岛，长着猫头但尾巴为鱼尾。（《登州府志》）

　　我黄汉在山东见到一只猫，头扁平而尾巴分叉，应该就是广文方琦所说产自皮岛的岛猫，或叫呼磢猫。它的形状跟登州岛的海狸十分相似。

有一种三足猫，得到的人家预示着富贵安乐，所以俗语说："如果猫有三只脚，那主人家就很幸福富足。"（《相畜余编》）

山阴诸熙说："电白县水东镇的一个江浙杨姓人，养了一只三脚猫，猫后面的一条腿短软，没有完全成形。它的眼睛一黄一白，俗称阴阳眼。它体型瘦小，声音也细弱，但老鼠听到声音就会躲起来。看到狗就越到狗背上咬狗的耳朵，狗也害怕它。"

一种野猫花猫,宋代安陆州曾用来充作贡品,李时珍说这就是虎狸和九节狸猫。（《本草纲目》）

黄汉按：《格物论》载：九节狸，金眼长尾，黑体白纹，尾巴的花纹呈现九节。《本草集解》说与虎狸类似，尾巴有黑白钱纹相间的为九节狸猫。因为这里既然有野猫花猫的称呼，自然应该是猫属，那么与《闽记》所记载的那种叫牛尾狸，也叫玉面狸的猫是同一种。因为它们能祛鼠，所以似乎也不能笼统认为它们是狐狸。又考证李雨村

《粤东笔记》："南粤的猫狸，多为锦钱纹。"这与虎狸的尾巴钱纹相间的说法相似。

盐官胡秉钧说："南方有一种脸为白色而尾巴像牛尾的猫，是牛尾狸，也叫玉面狸。它常爬上树吃各种果实，冬天它的肉极其肥美，人们多把它腌制成佳肴，醒酒效果特别好。梅尧臣《宣州杂诗》有'沙水马蹄鳖，雪天牛尾狸'的句子。"

黄汉按：梁绍壬《秋雨庵随笔》说："蒸玉面狸时使用蜂蜜，可以使油脂不流失。"

有一种四耳猫，产自四川简州，捕鼠本领神夸高超，州里每年都用它来充当地方特产进献。（《西川通志》）

刺史张孟仙说："四耳猫，耳朵里还有耳朵。州长官每年都它来赠送同僚，要耗费不少的买猫钱。"

华滋德说："先前中丞李松云的女儿爱猫，在他镇守成都期间，简州官员曾挑选了数十只小猫，还特制猫用小床榻和精美鲜艳的丝制帷幕床帐一并进献给他。制军孙平叔的孙女也爱猫，在他监管闽浙时，台湾守令所进献的东西中也有不少好猫。"（润庭，名滋德，锡山人。）

参军裘桢说："用床榻和精美的帷帐养猫，这是古今以来的新举动。不让张大夫的绿纱帐独美于前代了。"

黄汉按：猫有绿纱帐就值得庆幸了。不曾料想后世猫还能享受到精美的丝织帷幕床帐。但猫大多怕冷，冬天我曾经制了丝织的毯子给它包裹上，免得它偎灶或者爬床，比起纱幮锦褥还是要好些吧！

有一种狮猫，外形像狮子。（《老学庵笔记》）

张孟仙说："狮猫，产自欧美各国，毛长身大，不善于捕老鼠。还有一种狮猫长得像兔子，红眼睛、长耳朵，短短的尾巴像刷子，身体高大肥胖，即便驯化过也还是很笨拙。近来广东有一种无尾猫，也是来自西洋，最能捕鼠，有它在的地方绝少看到老鼠，可以算得上极品了。因此不能一概地认为是洋猫就看不起它们。"

张炯说："阴阳眼的狮

猫，我外祖父胡光林在镇守镇江时曾养了公母一对。两只猫连眼睛的颜色也一模一样，我年少时住在官署中，亲眼所见。"黄汉按：金银眼又叫做阴阳眼。

黄汉按：历朝皇家与高官人家常常蓄养狮猫。咸丰元年（1851）的五月，太监白三喜，私自让他的侄子进宫偷取狮猫。后来又因为其他的事情，偷猫事件发酵，后被揭发查处了，在报纸上可以看到。

有一种飞猫，产自印度，这种猫长有肉翅，会飞翔。（《坤舆外记》）

汉按：李元《蠕范》也有这条记载，惟独不指明西洋具体是哪一个国家。考证《八纮译史》和《汇雅》，天竺国和五印度的猫，都有肉翅能飞翔，说的应该就是这种飞猫了吧?

有一种紫猫,产自西北口,比照寻常猫形体较大,毛也比较长。猫的毛色为紫色,当地人用它的皮毛制成皮衣,卖到国内。(王朝清《雨窗杂录》)

黄汉按:现今京城中开玩笑称紫猫为翰林貂。应该是翰林按惯例要穿貂皮大衣,没有能力置办的便都用紫猫大衣代替,因此有这种称法,很是文雅。

有一种歧尾猫,产自南澳岛,它的尾巴卷曲,形状似如意头,叫做麒麟尾,也叫如意尾,捕鼠极为凶猛。

海阳陆盛文说:"南澳这个地方的版图形状像老虎,出产的猫凶猛敏捷,唯独忌讳见到海水,说是见了会改变性情。携带渡海进内陆的,一定要隐藏在船舱里,才能免去这个隐患。"

山阴丁士莪说:"海阳县丰裕仓有一只猫,长着麒麟尾,善于治理老鼠,整个仓库都仰仗着它。"

潮阳县文照堂的自莲师,有一只小猫,猫尾巴末梢像麒麟尾一样卷曲,浑身纯黑,唯独咽部有豆大的一点白

◆　毛，腹部有一片小镜子大的白毛，虽然《猫经》没有记载

它的名字，大可称作"喉珠腹镜"。（黄汉自记）

　　山阴孙定蕙说："山阴西湾的一户人家养了一只白猫，

◆　猫尾巴分了九杈，每一杈都有很细的肉桩，并且每一杈的

毛都像狮子尾巴一样细长吹拂着，人们叫它作九尾猫。"

# 形相

　　什么东西没有形体，什么东西没有容貌呢，相貌一旦形成，优劣便能区分，何况是猫这种优劣区分与相貌关联密切的动物，因此说完种类接着说相貌，选猫的人可以顺着这些标准来类推，因此辑录《形相》一章。

　　猫的选取有十二个要领，都出自《相猫经》，现在把它完全摘录下来：

　　以圆头圆脸为贵。《相猫经》说："面长鸡种绝。"

　　以耳朵小而薄为贵。《相猫经》说："耳朵薄且耳毛连成一片的猫不怕冷。"还说："耳小头圆尾巴尖，胸膛没有旋毛的猫价值一千文钱。"

　　黄汉按：李元的《蠕范》记载："猫生性怕冷不怕热。"《花镜》记载："刚生下来的小猫，把硫磺放入猪肠里，煮熟后拌饭喂给猫，猫吃后冬天便不怕冷也不贪恋热灶。"

　　眼睛以金黄色和银灰色为贵，最忌眼中有黑痕和眼中带泪花的。《相猫经》说："金眼夜明灯。"还说："眼常带泪惹灾星。"又说："乌龙入眼懒如蛇。"

黄汉按：《神相全编》记载：人如果生得一双猫眼，便主一生富贵。黄汉又按：眼中带有黑痕的猫不一定都是懒猫。我曾养了一只，捕鼠十分勤奋敏捷，唯独担心遭遇凶祸，那是因为不祥的花纹入眼犯了忌讳的缘故罢了。

以鼻子平直、干燥为贵，忌讳鼻子上钩和高耸的。《相猫经》说："面长鼻梁钩，鸡鸭一网收。"还说"鼻梁高耸断鸡种，一画横生面上凶。头尾欹斜兼嘴秃（指没有胡须），食鸡食鸭卷如风。"

以胡须粗硬的为贵，黑白夹杂的不好。《相猫经》云："须劲虎威多。"又云："猫儿黑白须，厨尿满神炉。"

以腰肢短小为贵。《相猫经》说："腰长会过家。"

以后肢高前肢矮为贵。《相猫经》说："尾小后脚高，金褐最威豪。"

爪子以深藏而有油泽的为贵。《相猫经》说："爪露能翻瓦。"又云："油爪滑生光。"

陶炳文说："猫在地上行走后，能留下抓痕的爪子叫做"油爪"，这种猫属于上品。"

尾巴要长细且尖，以尾节短小为贵，且常摆动的更好。《相猫经》说："尾长节短多伶俐。"又说："尾大懒如蛇。"还说："坐立尾常摆，虽睡鼠亦亡。"

黄汉按：猫因为尾长招风，截短后不能自如摇摆，威仪大减。现今东南沿海一带养猫故意把它的尾巴截断，很是让猫失去本真。

遂安余文竹说："《续博物志》记载：'虎渡河，竖尾为帆。'那么猫尾招风这一说法，看来也自是有来源的。"

声音要响亮，响亮是凶猛的象征。《相猫经》说："眼带金光身要短，面要虎威声要喊。"

黄汉按：俗语说好猫不做声，不是说猫一声不叫。而是平时敛声屏气，一旦作声，便凶猛异常，让老鼠一听声音便吓得掉下来，这样的喊声才有价值。

以猫嘴上腭有坎为贵，有九坎最好，七坎的次之。《相猫经》说："上腭生九坎，周年断鼠声。七坎捉三季，坎少养不成。"在《挥麈新谈》及《山堂肆考》中都有记载。

桐城姚龄庆先生说："猫坎也分阴阳，雄猫的坎数为奇数九、七、五，九坎为上品，七坎稍差一些，五坎的为下品。雌猫的坎数则为偶数的八、六、四，八坎为上品，六品稍差一些，四坎的为下品。但是四坎的猫极其少，因此雌猫好的较多，而雄猫多为下品，因为它们基本都是五坎的。"这个说法前人没有提过，应该来自于格物致知，足以补《相猫经》的缺漏。

睡觉要蜷成圈，包藏住头且拖着尾巴。《相猫经》说："身屈神固，一枪自获。"

黄汉按：猫的形相除了这十二个要领之外，又有所谓的"五长"法，这样的猫叫做"蛇相猫"，也是好猫。头、尾、身、足、耳没有一样是不长的。如果这五样都短，就叫做"五秃",能镇压住三五家的老鼠，记载参见《相猫经》。

少尹王宝琛初到平远做官时，住所中有许多老鼠，于是向寻常百姓家讨要了一只猫来捕鼠，鼠患得到平定。猫十分灵巧驯服且恋旧，虽然养在官府寓所，还时常返回故主家里。后来迁到办公场所，它仍然没有忘记原来的住处和它的故主家，经常故地重游。因它常常在这三处往来，所以老鼠都绝迹了。所说的好猫能镇压三五家的老鼠，确实不假啊。

黄汉按："广东人检验猫优劣的方法是，只要提起猫耳朵，四只脚与尾巴向上收缩的就是好猫，否则就是庸劣的猫。湘潭的张以文说把猫提起来抛向墙面，猫的四个爪子能紧紧抓住墙壁不滑落的就是极品好猫。这又是一种检验方法。

毛色

　　猫的毛色，好比人的容颜，毛色光润悦目的格外出众，干枯暗淡的就显得精神消沉，本就是确定的道理。尽管如此，但是美丑不一所以贵贱分明，命运的顺逆也蕴含其间。有怎样的相貌，就会有怎样的毛色，二者本就互为表里，因此辑录了《毛色》一章。

　　猫的毛色，以纯黄为上品，纯白次之，纯黑的又差一些。如果是纯正的狸色猫，也是好猫，以上都因毛色纯正而珍贵。杂色的，以黑背、白肚、白脚的为上品，黄、黑、白三色相间的次之，如果是狸色还掺杂其他颜色，那就是下品猫了。（《相猫经》）

　　黄汉按：纯黄色的金丝猫，如果是母猫就是上品好猫，纯黑色的公猫也一样。然而黄色猫多是公猫，黑色的多为母猫，因此广东一带人说："金丝难得母，铁色难得公。"

　　凡是纯色的猫，不论黄、白、黑色，都叫"四时好"。（《相猫经》）

姚百征说："姚柬之（字伯山）在揭阳任知县期间，从外国商船买得一只猫，浑身雪白，毛一寸多长，广东人叫作'孝猫'，认为养它不详。再后来姚柬之升职为同知又升了知府，这个猫也还陪伴着，没有别人所谓的不详。"

黄汉按："孝猫"二字十分新奇。纯白猫，温州人叫作"雪猫"。

毛色为金丝褐的特别好，所以说："金丝褐色最威豪。"（《相猫经》）

黄汉按：金丝褐就是褐、黄、黑色三种颜色都有，浑身为褐色但还泛金丝光的，叫作'金丝褐'，确实罕见。

楚州射阳出产的猫，有褐色花的。灵武产的猫，有红叱拨和青骢马那样颜色的。（《酉阳杂俎》）

有一种叫作三色猫的，兼具黄、白、黑三种颜色，又叫作"玳瑁斑"。（《相猫经》）

名为"乌云盖雪"的猫，定要背部为黑色，而肚、

◆ 腿和蹄爪为白色。如果仅有四肢蹄爪为白色，那应该叫作"踏雪寻梅"，浑身纯黄，蹄爪为白色的也是一样。（《相猫经》）

◆ 　　浑身白毛而唯独尾巴黑色的猫，叫"雪里拖枪"，最为祥瑞。所以说："黑尾之猫通身白，人家畜之产豪杰。"通身黑猫，尾巴尖有一点白毛的，叫作"垂珠"。（《相猫经》）

　　浑身纯白而唯独尾巴纯黑，额头上还有有一团黑色，这种猫叫"挂印拖枪"，又叫作"印星猫"，养了它的人家能富贵。所以俗话说："白额过腰通到尾，正中一点是圆星"。（《相猫经》）

　　钜鹿县令黄虎岩有一对印星猫，常常能取悦于人，唯独不善于捕鼠。但自从有了这只猫，官署中老鼠都被清除干净，官府事务也平安顺遂，这就是印星猫主贵的应验。（黄虎岩名炳，镇平人，道光间中副榜贡生，步入仕途。）

　　陶文伯说："我家养了一只白猫，猫通身白色，唯独尾巴和背上各有一团黑色，额头上则没有黑色，是可以叫

作"负印拖枪"。猫
肥大，有七八斤重，
具有灵性且驯顺，常
常把它拴在桌子旁边，
偶尔会肆意又叫又跳，用
竹子末梢抽打它，它马上就
知道逃跑躲避，有时也会低
头趴下（表示驯顺）。但大多
时候，即使用木杖吓唬它，它也没有一点害怕的样子。"

　　浑身纯黑而有白尾巴的猫也很少，这种猫叫作"银枪
拖铁瓶"。（《相猫经》）

　　待诏黄香铁说："《清异录》记载：后唐的琼花公主在
孩童时养了两只猫，一雌一雄。通身雪白的叫'衔花朵'，
而浑身乌黑带白尾巴的，公主唤作'麝香验妲己'。"

　　黄汉按：《表异录》也记载了这一条，说其中一只浑
身乌黑带白尾巴的为银枪插铁瓶，叫作"昆仑妲己"，另
一只通身白毛而嘴边有花纹的，叫作"衔蝉奴"，与《清

异录》所记载的稍有不同。

浑身白毛而带黄点的，叫"绣虎"。通身黑毛而带白点的，叫"梅花豹"。通身黄色而肚皮是白色的，叫"金被银床"。如果全身是白色而唯独尾巴是黄色的，叫"金簪插银瓶"。（《相猫经》）

诸缉山说："在阳江县太平墟的客店，有只浑身纯白而唯独尾巴是黄色的猫，俗称"金索挂银瓶"，有十多斤重，捕鼠技能很好，说是得到这只猫的人家，家业都能日渐昌盛。"

全身为黑色或为白色，背上带点黄毛的，叫"将军挂印"。（《相猫经》）

身上有花纹，四脚和尾巴也有花纹的，说它缠得过（花纹缠到脚），也是好猫。（《致富奇书》）

猫有拦截纹，预示它威猛。有寿纹的就是它的头顶呈八字或者像八卦，或像重弓、重山。没有这些纹路的，就是懒惰怯懦且短寿的猫。（《相畜余编》）

黄汉按：拦截纹就是头顶上的横纹，预示猫有威风，就像老虎的尾巴一样。

纯色猫带老虎花纹的，只有黄色猫与狸色猫，如果是紫色带虎纹的就极少。紫色带虎纹的更是珍贵品种。（《相畜余编》）

太守吴云帆曾养了一只猫，猫是纯紫色的，光彩夺目，身长而肥大，有十多斤重，自然是优良品种。这是张冶园说的。

猫有旋毛，预示着短命不得善终。所以俗语说："猫胸有旋毛，寿命不长。左旋犯狗，右旋遭水伤。通身都有旋毛的，短命多灾祸。"（《相猫经》）

猫屁股里长毛，就会满屋子随处拉屎，这不是好猫。（《相猫经》）

黄汉按：珞琭子说："猫能掩埋屎尿，所以灵洁可爱。因而爱洁净的猫，无一不具有灵性。"

凡是花猫的花纹朝嘴边延伸，预示着它会咬牲畜、家禽。（《崇正朝谬通书》）

张孟仙说："猫的毛色驳杂，一般为雌猫，毛色纯正一般为雄猫，而所说的玳瑁斑是毛色驳杂的雌猫。雪里拖枪、乌云盖雪虽然有两种颜色，但是都可以算作毛色纯一的雄猫。"这也是一个新奇的说法。毛色从出生就已经确定，没有听说过一年间两次变换毛色的猫。我朋友诸缉山说："阳江县深圳村有一个姓孙的盐丁有纯白猫，冬至后猫逐渐长出黑毛，到夏至则变成纯黑色。过了冬至毛色又变成黑白相间，第二年夏天又变成了纯白色。这是一只年年变换毛色的猫，可以算得上祥瑞之物了。可见上天造物之神奇，没有什么是不可能的。"

　　寿州余士英说："我曾在扬州停船靠岸，见一个耍杂艺人在四通八达的街市上，用布作屏障把周围人隔开，敲锣打鼓，引来围观的人。场地的东面有猴子把狗当马驱赶，就像演杂剧。场地的西边有一只猫高坐着，正身拱手接受鼠群的朝拜，老鼠奔走着拜谒，全部都合乎礼仪法度。猫的毛色则具备五色，青、赤、白、黑、黄相交错成花纹，远看灿烂得跟天边的云彩一样。问他从哪里得来的，回答说从安南来的强盗那里得来，特别罕见，这确实也很少听说过。有人说猫的毛色是假的，大概也是临安孙三所用的染马缨的老把戏吧？"

黄汉按：毛色可以作假到这种地步，也是神乎其技了。

## 灵异

事物灵蠢不同，机灵的奇异，而蠢笨的平庸，由此可以看出天赋的不同。就像猫之于群兽，它的灵气的确与众不同。猫即便没有天地的全部美德，也有阴阳偏胜的灵气，所以它一直受到国家祭祀而从未中断，也能为世间所用。因此辑录了《灵异》一章。

腊日迎接猫神，因为猫吃田鼠，所以迎接猫神祭祀它。（《礼记》）

唐代祀典要祭祀五方的鱼、鸟、螺、兽、龟。五方的猫、虎以及龙、麟、朱雀、白虎、玄龟，每方各用一种少牢。（《旧唐书》）

黄汉按：大蜡祭祀的八神中，有"猫虎"和"昆虫"。后来王肃把"猫虎"分成了两种神，而没有了昆虫。张横渠对此也认同，记载见于《五经疏证》。

仁和陈振镛说："杭州人祭祀猫神，称它为'隆鼠将军'。每到年末祭祀群神时，一定都会把猫神列入其中。"

张振钧说："金华府城大街有一座'差猫亭'，原来是明朝放置军事装备的机构，相传鼠患肆虐，于是朝廷差人赏赐一只猫，鼠患顿时清除。后来在这个地方立庙，称猫神为'灵应侯'。现如今，乡里人把它奉为灶神，这个庙叫'差猫亭'。"

猫眼定时十分灵验，大概就说："子午卯酉一条线，寅申巳亥枣核形，辰戌丑未圆如镜。"另一个说法"寅申巳亥圆如镜，辰戌丑未如枣核"，其余说法与这两个相同。

黄汉按：《酉阳杂俎》仅记载"猫眼的瞳孔早晚圆溜，到了中午就收拢成一条竖线。"又按：刚出生的猫，血气不足，所以眼睛瞬息万变，这时用猫眼定时，是无效的。（在民间日用、占卜择吉之类的书里都能看到。）

南番白湖山中有个胡人，养了一只猫，猫死后被埋在山中。过了很久猫出现在他梦中说："我已经复活，不信可以挖来看看。"等到他去挖的时候，猫的身体已经腐化

了，只得到两只眼睛，眼睛坚硬圆滑似明珠，能准确无误地检测一天的十二个时辰。（《嫏嬛记》）

黄汉按：有一种宝石，中间有像水痕一样的一条线，摇晃它好像水痕要流动，或横或斜都可以看到，叫作猫儿眼。

黄香铁待诏说："真腊国国王的戒指上都镶嵌着猫眼石。"

黄汉又按：《八纮译史》："默德那就是古回回国，这地方产猫眼石，它的大小随着时间变化。"按照这个说法，那是活宝石啊。该书还记载："锡兰国海中的山上出产宝石猫眼石，绿的叫'瑟瑟'，红的叫'鞑鞨'。"而《八纮译史》又记载："伯西尔国人在年少时，在舌头和下嘴唇上穿孔，以猫眼石和夜明珠等宝石镶嵌其中为美。又记载真腊国王手脚上都戴着镶嵌有猫眼石的金镯，所以猫眼石不仅仅是镶嵌在戒指上而已。"

《秦淮闻见录》中记载："装饰有玉钗、宝珥，火齐珠和猫眼石。"大概是形容歌舞艺人的华美装饰。

猫鼻尖常年冰冷，惟有夏至这一天暖和，因为猫属于阴类。（《酉阳杂俎》）

黑暗之中，用手逆着猫毛摩挲，可以看到小火星，便是出众的猫，这种猫不生跳蚤和虱子。（同上）

猫洗爪子挠过耳朵（动作幅度较大），预示有客人要来。（同上）

黄汉按：广东有俗谚说，猫洗脸，每天都有不同的次数与程度，说是随着潮水涨落变化。

母猫如果没有公猫来交配，可以用竹扫帚在猫背上来回扫几次，猫就能受孕。或是用木斗把猫盖在灶前，用扫帚打击引逗猫，并向灶神祷祝，这也能让猫受孕。（《本草纲目》）

待诏黄香铁说："山东、河北人叫牝猫为女猫。"《隋书·独孤陀传》有句子'猫女向来无住宫中。'所以隋代就已经有这种说法了。参见顾亭林的《日知录》。"

猫怀孕两个月就能生产。（《本草纲目》）

黄汉按：猫怀孕有三个月生产的，叫"奇窝"。四个月生产的叫"偶窝"。养到十二年的为长寿，八年的为中寿，一两年的为早夭。浙中地区以一胎为贵，两胎为贱，一胎四个的叫"抬轿猫",贱而无用。如果四胎当中死了一两个的话,那么留下的也是好猫,叫作"返贵猫"。记载见王朝清《雨窗杂录》。

华润庭说:"猫胎以少为贵,因而有'一龙二虎'的说法。"还说:"农历十二月出生的猫比较好,初夏出生的叫'早蚕猫',也是好猫。秋季出生的猫稍差一点。夏天出生的猫最是劣等,因为它不耐寒,冬天定要烤火,叫做'煨灶猫'。"

黄汉按:猫在火旁取暖,皮毛易烫伤,把硫磺放入猪肠中,煮熟后喂给猫,猫就能痊愈。参见《致富奇书》。

陶文伯说:"猫怀孕,气血不足的,往往也会造成流产,是人、兽一理啊。"

钮华亭少尹说:"老虎一生只交配一次,因为老虎的生殖器长了倒刺,在进入时会感到疼痛。而猫一年也只交配两次,因为猫的生殖

器长了顺刺，在拔出时会感到疼痛。其他动物的生殖器没长刺，也就没有什么痛苦，因此它们交合没有节制。"

黄汉按：这个说法由年高见识多的人长久以来互相传说，极其合乎情理，足以对格物致知产生帮助。大概猫交配，常在春秋两个季节，猫首次交配时，则母猫、公猫相互呼叫，即使相隔很远也定能寻声而至，俗语把它叫做"叫春"。

张衡斋说："但凡猫交配，一定是春猫遇春猫，冬猫遇冬猫才会交配，夏天和秋天的猫也一样。否则即使是强行一起也不能交配。"这个说法以前没人说过，想来也是基于"同气相求"的原理。

母猫刚生产，如果见到属相为虎的人，就会自己吃掉猫崽。（《黄氏日抄》）

黄汉按：猫生产时，眼睛都是一眨不眨，如果被属鼠的人看到，它就会吃掉猫崽。有人说在子日生产，看到属鼠的人就会吃掉猫崽，跟黄氏说法不同。

猫吃老鼠，上旬吃头，中旬吃腹部，下旬吃腿脚，与

虎一样同，阴类的动物竟如此相一致。（李元《蠕范》）

黄汉按：另一种说法是，猫吃老鼠，每旬都有先吃的部位，月初先吃头，月中先吃腹部，月尾先吃腿脚。农历小月，吃后还有剩余的。（小月天数少，故吃不完）

华润庭说："猫吃老鼠按三旬不同，也有捕鼠无数，绝不吃一只老鼠的，这种猫是最好的。"还有一种说法："猫有时在衣物或者草席上吃老鼠，不要惊扰驱赶它，任由它吃完，自然不会留下痕迹。如果靠近了观察它，那就会血渍狼藉。有人说猫吃东西，它牙齿会变软，以后再也不能咬老鼠了。"

常州张集说："猫的别名为'家虎'，鼠的别名为'家鹿'，猫吃老鼠是很久以来的事情了。只是在祭祀兽神时，不知道鹿是否也在其中。"

北方人说猫过了长江或者金山，就不再捕老鼠了。做法事的人剪纸猫投入水中，则过江仍能捕鼠。（《酉阳杂俎》）

黄汉按：《渊鉴类函》说："先前韩克赞曾从汝宁带回一只猫，果然过了长江后猫就不捕老鼠了。"

丰顺秀才丁日昌说："物各有喜好，就像诗里说的马喜欢风，狗喜欢月，猪喜欢雨。而猫唯独喜欢月。所以在有月亮的晚上，猫常常爬上屋脊，大概与狐狸习性相同。"

猫喜欢和蛇嬉戏，有人说这是水火相互依托之义。因为猫属阴火，而螣蛇是属火的水族动物。（王朝清《雨窗杂录》）

黄汉按：猫都喜欢自己玩自己的尾巴，因此北方人有"猫儿戏尾巴"的谚语。

山阴张锜说："猫与蛇斗，俗称龙虎斗。有人曾看见猫蛇在屋脊相斗，蛇败穿过瓦缝向下逃走。恰好屋下的人遇到，用锄头将其挥为两段，上段飞走了，不久结成了像翻过来嘴唇那样的肉疤，有碟子那么大。一天，挥断蛇的人在床上午睡，蛇穿过他的帐顶想下来咬它，因为肉疤阻挡而停在那里，猫恰好看到，跳跃上床猛叫，这个人被惊醒，看到蛇后吓得逃开了，幸好没有被咬到。有人说蛇知道报冤，猫知道护主。"

猫懂得如何才能讨好人，因此喜欢它的人很多，本来

猫与狐狸就是同类。（彭左海《燃青阁小简》）

黄汉按：东南沿海一带风俗认为猫是妓女变化来的，所以善于魅惑人，这种说法未免显得牵强附会。

俗语说"猫为虎舅"，说的是老虎样样都像猫。（梁绍壬《秋雨庵笔记》）

黄汉按：老虎所有地方都像猫，唯独耳朵小，脖子粗不一样。然而宋何尊师说猫像老虎，唯独猫耳朵大，眼睛黄亮这两处不一样。社会风俗又称"猫为虎师"。（相传有个笑话，说老虎羡慕猫的机灵敏捷，原意把猫奉为老师。没过多久，老虎每一样本领都学得很像了，但唯独不能上树和转过脖颈看东西。老虎于是怪罪猫，猫说："你专门吃同类，我能不害怕吗？保留这两项技能，恰恰是为了自保啊！如果全部传授给你，有朝一日，怎么能免死于你的口下啊！"）

猫照镜子，聪明的猫能认出自己并发出叫声，劣等猫则不能辨认出来。（《丁兰石尺牍》）

天放晴了很久，猫忽然不按时喝水，那么天就是要下

雨了。（《瓯谚》）

猫能喝酒，所以李纯甫有《猫饮酒》诗。（《古今诗话》）

黄汉按：猫能喝酒，我曾试了一下，果然是这样。但猫不能用杯子快速大口地喝，必须蘸一点抹在它嘴上，猫舔了觉得有滋味，就不会受惊逃跑，这样再抹十多次后，就能感觉到它醺醉了。现今的猫还能吸烟。陈寅东说："有个叫张小涓的人，当浙中县尉时曾寄居在温州，养了好几只猫，猫习惯爬上烟榻。小涓常常含烟喷向猫，猫都把鼻子迎上来嗅烟。长时间以后，猫的样子就像醉了一样。每次看到开灯就爬上来，看到收起抽烟的器具便离开了，于是人们都说张小涓的猫也有烟癖，听到的人没有不笑的。"那么有的猫对烟和酒都爱好，也是好笑的。

坚韧的马鞭如果打了猫，那么随手便可被折断。（《范蜀公记事》）

猫死后，不是埋到土里，而是要挂在树上。（《埤雅》）

猫死后掩埋到后院中，可以发竹笋。（李元《蠕范》）

　　独孤陀的外祖母高氏，蓄养猫鬼，要在子日的夜间祭祀它。说"子"就是老鼠。猫鬼每次杀人获取财物之后，这些财物就会暗中转移到养猫鬼的人家。如果猫鬼被降住，则蓄养猫鬼的人也会面色纯青，好像自己被牵拉住了。独孤陀养猫鬼的事情败露，皇帝免了他的死罪。（《北史》）

　　隋代大业年间（605—618），猫鬼泛滥，家中养的老猫成了鬼魅，十分神异。人们无中生有地互相控告，一个府县中被诛杀的有几千家，连蜀王杨秀都因猫鬼被定罪。（《朝野佥载》）

　　燕真人练成了仙丹，鸡犬都成仙而去，只有猫不飞升。曾经有人见到它，就朝洞里呼"仙哥"，能听到应答的声音。（《山川记异》）

　　嘉兴文人蒋田有一尊黄蜡石，形状与猫形十分相似。黄香铁为它提名作"洞仙哥"，实在是又典雅又贴切。

　　司徒马燧家的两只猫在同一天生产，其中一只母猫产下两个猫仔后死了。另一只猫跑过去好像是要救两只猫

仔，把它们叼往自己的窝里，连同自己的猫仔一起给它们喂奶。（韩昌黎《猫相乳说》）

唐左军使严遵美是阉官中的仁厚之人，曾有一天，遵美发狂，手舞足蹈，他身旁有一猫一犬，猫忽然对犬说："左军使的仪容一反常态，发疯了吧。"犬说："不用管他。"一会儿，遵美镇定下来，停止了舞蹈，感到又震惊又好笑，对猫犬之言，感到很惊异。昭宗流离迁徙（凤翔）时，遵美请求辞官。（《北梦锁言》）

王建称尊于蜀时，他的宠臣唐道袭家养的猫，下大雨时在屋檐下戏水，眼看猫身一点点长大，不一会儿它的前爪已经伸到屋檐了。忽然雷电大作，猫化为一条龙飞走了。（《稽神录》）

成自虚在雪夜借宿于东阳驿寺，遇到了苗介立，苗立介作诗云："为惭食肉主恩深，日晏蟠蜿卧锦衾。且学智人知黑白，那将好爵动吾心。"第二天成自虚一看，昨晚的苗立介原来是一只大花猫。（《渊鉴类函》）

黄汉按：唐代进士王洙在《东阳夜怪录》中记载："彭城的秀才成自虚，字致本，在元和九年（814）十一月九日这天来到了渭阳县，当天夜里风雪大作，于是他在寺庙借宿，与僧人和其他几个人乘雪谈诗。叫智高的病和尚，是一只生病的骆驼。原先的河阴转运巡官、左骁卫胄曹参军，名叫卢倚马的，是一头驴。还有姓敬名去文的，是一条狗。那个叫锐金，姓奚的，是一只鸡。那个自号桃林客的轻车将军朱中正是牛精。那个叫胃藏瓠的是一只刺猬。"又议论苗介立道："这个人为人蠢笨，有什么本事啊，听说还挺廉洁，把仓库看守得很好，可是长得像蜡姑这种昆虫一样丑陋，难以逃过众人的议论，要怎么办呢？"苗介立说："我苗介立，是楚国斗伯比的直系后裔。姓氏来源于楚国的远祖伯棼和贾皇，分为二十族。我的祖先祭礼典礼时接受祭奠，《礼记》中都有相关的记载。"

苏子由曾经练习化丹为金银的法术，已经升好火，看见一只猫在炉边小便，他呵斥猫，猫就不见了，他的丹始终没有练成。（《说铃》）

黄汉按：许逊有法术，替人烧制丹药。每每快到四十九天，丹药要烧好的时候，一定会有狗追猫而把丹炉撞破。记载见于宋代张君房作的《乘异记》。我说这两人炼丹不成，各有不同的原因，相同之处在于都与猫有关，这也是奇怪。

杭州城东真如寺，弘治年间（1488—1505）有一个叫景福的僧人养了一只猫，时日一长，猫变得十分驯服。僧人每次外出诵经便把钥匙交给猫，等到回来时就敲门叫猫，猫就会含着钥匙从旁边的小洞里出去把钥匙交给主人。如果是其他人敲门，猫就默不作声，或者叫门声不是僧人的，猫始终不应答。这也很奇怪。（《七修类稿》）

金华猫养三年后，每到半夜就蹲坐到屋顶上，向着月亮张大嘴来吸取月亮精华，时间一长就会变成猫精。每次出去魅惑人，遇到妇人就变为美男，遇到男子就变成美女。猫精每到人家家里，先藏匿在水中，人喝了水后就看不到它的形体。夜晚但凡看到奇怪的人来投宿，就用黑色衣服盖住他，等到黎明查看。如果有毛，就去偷偷请猎人，牵几只狗到家中来捕捉猫精，烤猫精肉给生病的人，能不治而愈。如果是男的生病要捕雄猫，女的生病要捕雌猫，否则不能治愈。府学张广文有一个女儿，十八岁，被鬼魅侵害后头发都脱落了，后来捕捉了一只雄猫给她治疗，她的病这才好。（《坚瓠集》）

靖江县张氏家的泥沟里，有一道黑气宛如游蛇往上冲了出来，天昏地暗，一个绿眼人乘黑来调戏张氏的婢女。因此张氏多方访求能施符术的道士来治妖，都不灵验。于是去请张天师，不一会就看到天上黑云四起，道士高兴地拜贺道："这妖已经被雷劈死了。"张氏回家一看，屋角有一只猫被雷震死了，那猫巨大如驴。（《子不语》）

　　郭太安人家养了一只猫，猫很灵异，婢女见到猫就打，因此猫很怕这个婢女。一天，家中有人送了梨，便吩咐这个婢女收好。后来一数梨子，发现少了六个。主人怀疑是婢女偷吃，鞭打了她一顿。不久从灶下的灰仓中发现了那几个丢失的梨子，刚好六枚，每个梨子上面都有猫的爪齿痕迹，才明白是猫故意将梨子衔走来报复对婢女的怨恨。婢女心怀怨恨，想要弄死猫，郭太安人说道："猫既然知道报复你，那它自然有灵异，你如果打死了它，怨恨必定加剧，恐怕又会出现什么怪事。"这个婢女恍然大悟，从此再也不打猫了，猫也不再害怕这个婢女。（《阅微草堂笔记》）

　　一个做笔帖式的公子很喜欢猫，经常一养就是十多只。一天，他的夫人叫唤婢女没有人答应，忽然窗户外面有个代替婢女应答的声音，这个声音很怪异。公子便出去看个究竟，外面很安静，一个人也没有，只有一只猫蹲在窗边，转过头来微笑地看向公子。公子害怕就告诉众人一同来看，有人开玩笑问："刚刚应答主人的是你吗？"猫回答说："是的。"众人大惊，认为这是不祥之兆，谋划着要抛弃它。（《夜谭随录》）

永野亭的黄门说他一个亲戚家的猫忽然开始说人话，亲戚十分惊惧，就把猫绑起来鞭打。问它说话的原因，猫说："雄猫没有什么是不会说的，但是这触犯忌讳，所以不敢说话。但如果是雌猫，就没有能说话的。"接在又绑了只雄猫用鞭子抽打，猫果然也用人话来求饶，这家人才相信便放走了猫。（同上）

一个姓舒的护军参军善于歌唱。一天，门外忽然有人唱和，歌声清新美妙且符合节奏。他悄悄出去暗中观察，原来是一只猫。他吃惊地叫喊朋友一同来观看，还给用石头扔向猫，猫一跃便不见了。（同上）

黄汉按：猫说人话，最早是在严遵美那一段中看到。

那个笔贴式的猫代人应答，没有什么不吉利的。如果按永野亭的黄门所说，公猫能说人话，母猫则不能，这就是很奇怪的说法。然而不该说话的还要说，那么主人鞭挞抛弃它也是合适的。这些记载与《太平广记》中的猫能说"莫如此！莫如此！"大概都是寓言吧。至于猫能学唱歌，如同虱子会读赋，确实别开生面。

蒋田说："阳春县修建官署，刚好要筑墙。有一天，筑墙师傅还没吃饭，一只猫便跑来偷吃了他的饭和汤。师傅特别愤怒，不久他捉到这只猫，活活把猫筑到了墙体里弄死了。竣工后，官署的人都不能安宁，下人和小孩大多病的病，死的死。于是请来巫师占卜。巫师说：'这是猫鬼在作祟，猫在某个方位的墙体内。'于是拆开墙体，果然看到那个死猫。于是官署按照巫师的话，用香锭祭奠猫，把猫远远安葬到了荒野里，从此整个官署就安定了。这是道光十六年（1836）的事情，我当时在做幕僚，亲眼所见。"

蒋田还说："湖南有一座猫山，相传以前有猫成了精，它的族猫繁众，子孙好像都能知道人事。猫死后，都

安葬到这座山上，山上的猫坟连成片，多到数不清。山上产竹子，叫做'猫竹'，猫竹既茂盛又鲜美。山上没有安葬猫的地方就长不出竹子。'猫竹'的叫法源于此，所以写作'毛'或是'茅'都是不对的。"

黄汉按：把死猫埋在竹地里，竹子自然就能生长茂盛，还能吸引远方的竹子到竹地里。如果按照这个说法，那《本草纲目》"死猫引竹"的记载也不假。《洴澼百金方》记载有"猫竹军器"，也不写作"毛竹"。

孙赤文说："道光丙午年（1846）的夏秋间，浙江中部的杭绍宁台一带传说有种叫三脚猫的鬼怪。每到傍晚，一阵腥风飘过，就会发现有怪物进入百姓家里魅惑人，全国上下人心惶惶。于是各家在屋里悬挂锣和钲，一看到腥风刮来就用力敲打锣钲，鬼怪害怕锣声就逃跑了。就这样过了好几个月鬼怪才绝迹，也是怪异现象啊。"

会稽陶汝镇先生说："猫是灵洁的小兽，跟牛、驴、猪、犬大不相同，所以无论富贵还是贫穷人家都很珍爱它。并且自古以来的奸诈、邪恶之人会转世堕落为牛、为马、为犬、为猪，如白起、曹瞒、李林甫、秦桧这类人，多得都不能一一列举。但没有听说过转世为猫的人，可见猫这个仙洞里的灵物与一般牲畜不同啊。"

巡尹刘荫棠说："番禺县属下的沙湾与茭塘边界上有一座老鼠山，这个地方向来就是强盗聚集之地。先前的总督李瑚很忧心，就在山顶上铸了一只大铁猫来镇压。这只猫张大嘴，伸出利爪，体型巨大。我曾到这个地方缉拿盗贼，亲自登上老鼠山去看了铁猫。游人常常把食物、手巾、扇子等仍进猫的嘴里，说要填饱猫肚子，不知道是什么缘故。"

盐官胡笛湾说："天津船厂有一个铁猫将军，传说是明朝遗落在战船上的铁猫。船厂中废弃的铁猫很多，就这只最大。因为时间久远就变成了精怪，因此有了皇帝赐予的封号。每年例行由天津道亲自到这里祭祀一次，到现在还遵照实行没有衰废。"

余蓝卿说："金陵城北面有个铁猫场，里面有一只铁猫，长四尺多，横躺在水泊中。铁猫身上的古雅色调错杂灿烂，不知道是哪个朝代的。相传抚弄它就可以得子，所以每到秋季的第二个月的傍晚，许多青年男女都会聚集到这里。"

僧人道宏，每每往民家画猫，这户人家就没有老鼠。（邓椿《画继》）

老虎吃人，在前半月从上身开始吃，下半月则从下身开始吃，跟猫吃老鼠一样。（《七修类稿》）

猫在屋里则众老鼠逃散。（《吕氏春秋》）

黄汉按：这里的"狸"指的就是猫，与《韩非子》等书记载相同。

平阳灵鹫寺的妙智和尚养了一只猫，每到讲经，猫就在莲座下趴着听。一天猫死了，和尚掩埋它时，土里忽然长出了莲花，众人挖开一看，莲花是从猫嘴里生发出来的。（《瓯江逸志》）

六畜中有马而没有猫。但是马是北方的牲畜，南方哪里能家家户户都蓄养呢？毛西河曾说把马从六畜中退出来，把猫放进去才是合理的。后来的大儒，如果能够倡议

改革《礼》经中的相关条款，六畜中就会有猫了。（淳安周上治《青苔园外集》）

黄汉按：从前广文杨蔚亭，与太平的进士戚鹤泉曾谈到过这个事情，说马产自北方，最大的使命是耕田与征战，所以被列于六畜首位。如果以功用的大小来论，马列六畜中是适宜的。如果以功用的广泛来论，猫列六畜中才合理。《礼》经撰写自北方人之手，大概起初没有注意到马只产自北方，猫却全国各地都出产。这个说法很是公平允当。（蔚亭名炳，平阳人。）

参军张德和说："猫和蛇交配，生出了狸猫，所以狸猫的斑纹像蛇。"他说这个说法是他担任黄冈同守的时候从民间听到的。噫！真的是这样吗？这样的话交配双方不是同类，不过禽兽常常会有这种情况。姑且保留这个说法，等待学识渊博的人来辨明。（黄汉自记）

姑苏的陈本恭说："虎骨可以祛除野兽，猫皮可以祛除老鼠，獭皮可以祛鱼，鹰羽可以祛鸟，那是因为它们的本性得以保留。但是必须要是原本的形态才能灵验，如果骨头被煮过，皮被软化过，羽毛被熏过就不能灵验。"

桐城刘继说："道光丙午年（1846）的春天，我家养的老麻猫产下一个猫仔，猫仔是白色的，它的长毛像狮子一样细长垂拂。朋友方存之说：'这是不容易得到的稀有品种。'这只猫养了几年，它早晚依偎在我边上，老鼠很安静。一天，天还没亮，猫忽然到我的床头大吼几声然后离开，不久猫就死了。平庸的猫竟能产下如此灵异的稀奇猫仔，可是不能长寿啊，可惜了！"

黄汉按：徽州戏班有一个曲目叫"猫儿歌"，也叫"数猫歌"，类似于绕口令。猫的嘴尾数虽然只为一，但它的耳与腿则分别是二和四依次增加，等数到六七只猫的时候，口齿快速重复，很少有不出错的，应该是太快而难于计算吧。倪豫甫说：京师有一个名叫八角鼓的艺人，唇舌轻快，尤其擅长这个"数猫歌"。即使数到十多只猫，反倒是越快越清晰明朗，是技艺精通的人啊。"（猫歌大概这样唱："一只猫儿一张嘴，两个耳朵一条尾，四条腿子往前奔，奔到前村。两只猫儿两张嘴，四个耳朵两条尾，八条腿子往前奔，奔到前村。"下面都是仿照这个模式，只是耳和腿的数量依次增加。）

倪豫甫又说："河东的孝子王燧家的猫和狗犬互相给对方的孩子喂奶，传到了州县里，还受到官府的表彰。问及王燧，原来是猫和狗同时产子，家里人互相调换了他们的孩子，久而久之也就成了习惯，猫狗互哺成为了常态。这个记载出自《智囊补》，列在'伪孝'下面。推想当时肯定是凭借孝顺之名才得到官府表彰的。但是事物的灵异之处有的也能作假。可以博大家一笑。"（豫甫是浙江萧山人）

刘月农说："明代太后的猫能懂念经，因此得到一个'佛奴'的名字。"我说猫睡觉会发出喃喃的像念经一样的声音，但不是真的懂念经。但是它因此得到太后的宠爱，得到'佛奴'的称号，难道不是对猫的特殊的礼遇吗。（黄汉自记）

谢学安说："俗话说'猫认屋，犬认人'，房屋排列密布齐整，即使隔着几百家，猫也能找到路返回，但是在房屋之外的地方它却不认识主人。狗即使在百里之外也能认出自家主人。为何猫、狗性情如此不同？"

萧山的沈原洪说："猫是世人不可缺少的牲畜，但是各地的船家都养狗，极少有养猫的。这是为什么呢？难道是猫习惯在陆地上，不习惯在水里吗？一定是有什么原因的。"

黄汉按：猫属于火兽，尤其不适宜在水里生活，狗属于土兽，见水也不怕，而且狗也能抓老鼠。所以船家养狗的多，养猫的少。黄汉又按："周藕农在《杂说》里说："猫怕咸，但是东海的猫吃的水里都有盐；猫怕寒，但西藏的猫睡卧的地方都是冰，因为它们都习惯成自然了。如今的猫看到波涛就会惊惧，确实是因为习惯陆地而不习惯水面。"

倪豫甫说："湖南的益阳县多老鼠，但是不养猫，都说官署中有个鼠王，不轻易出动，

一出动就会对官员不利。所以官署中不但不养猫，每天还用官粮喂它。道光癸卯年（1843），云南进士王森林出任知县，邀请我一同前去。我居住的院子很宽敞，草木郁郁葱葱，每到午后，老鼠就从墙缝中爬出来，嬉闹的、打斗的不计其数。看久了也就不觉得奇怪了。一天，有大猫从屋檐跳下，伺机抓捕了其中最大的一只，猫和大老鼠互相牵制了很久，最终老鼠力竭而死。从这以后猫知道有收获就每天都来，过了差不多十天就没有老鼠出没了，后来老鼠竟然绝迹了。噫！猫虽有灵性，奈何老鼠狡黠。但是我在官署里待了三年，衣物从来没有被老鼠咬过，老鼠也许是感知到豢养的恩情而不敢毁伤吧。并且人不设捕鼠器械，老鼠也就自得其安。

黄汉按：有猫的这一次惩戒，长期的鼠患得以解除，不能说不是猫的功劳。但是不知道老鼠绝迹之后，每天给老鼠的官粮是否可以免去？有谚语说："籴谷供老鼠，买静求安。"世道也变了，让人感叹啊！

镇平儒生黄瑨元说："发出'剟剟'声，就能引来鸡。参见《说文解字》。发出'卢卢'声就能引来狗。参见《演繁露》。这是同类的事物相互感应。至于猫，发出'苗苗'声它就会过来，'汁汁'声也可以。白珽《湛渊静语》记载，之所以说唇音'汁汁'可以招来猫，那是因为'汁汁'声像老鼠的声音。而同类事物互相感应，这个说法出自翟灏的《通俗编》。"

黄瑙元还说："俗语称'猫为虎舅'，猫教授老虎数百种技能，唯独不教他上树。这一说法在陆游诗集的自注中可以看到，梁绍壬《秋雨庵随笔》引用这一说法，但是没有记载出处，应该是没有考证吧。"

黄汉按：《秋雨庵随笔》中的这一节已采入本书，现在黄瑙元指明出处，由此可见这类俗语由来已久，愈发让人相信它们是可信且有证据的。

黄仲方又说："《游览志余》记载，杭州俗语说形容人举止仓皇，称为'鼠张猫势'。这是因为老鼠见猫就逃窜，猫的气势就更盛。这个词可以对应'狐假虎威'。"

家猫不喂养了就会变成野猫。野猫如果没有死，过很久就会变成精怪。（我去世的祖父醇庵公说的。）

丁雨生说：“惠州、潮州的道台衙门里有很多野猫，夜深了就会出没，双目熠熠生辉，远远看去就像萤火虫。大概都是失去主人的猫，猫吸月饮露，时间一久渐渐就成精了，所以在墙头、屋顶上上下下，矫捷如飞。夏天海鹭飞来时，猫能上树捕食。园子里养的孔雀曾被猫咬死了，从这以后野猫就不再来了。有人说是因为孔雀血特别毒，野猫大概喝了血所以害了性命。噫！选择肥美的食物来吃，竟然会自己让自己害了命，真是愚蠢啊！”

鄞县的周厚躬说：“猫拜月后能变成妖精，所以俗语说：‘猫喜月。’鄞县人养猫，一看见猫拜月就会把它杀了，害怕猫变成妖精魅惑人。猫魅惑人跟狐狸精差不多，雄猫能幻化成男性，雌猫能幻化成女性。”

他还说：“雄猫能幻化成男性，也能迷惑男性。雌猫能幻化成女性，也能迷惑女性。大概是猫魅惑他们的目的不在于交合而在于吸取他们的精力。被吸取了精气的通常叫得了邪病，十个人染上有九个都会死。鄞县人中有一个寡妇，一天，她忽然自说自笑，举止异常柔媚，不一会儿她精神颓萎，皮肉瞬间就消瘦了。追问她，说是遇到猫来吸她的阴气，一时间感觉神志昏迷，精气就被吸走了，于是就觉得疲乏，体力不支。"

黄汉按：狐妖会吸人精气。用桐油涂抹整个阴部，狐妖用舌头舔吸，没有一个不作呕离开的，于是不再来作怪。只是需要秘密操作才能灵验，参见龚氏《寿世保元》。我说用这个方法来治猫妖，效果肯定也一样。

丁雨生说："安南有一座猫将军庙，神像是猫首人身，十分灵异。到这个地方的中原人，必定要向猫将军祝告求福，占卜吉凶。"有人说："'猫'是'毛'的讹误，明朝的毛尚书曾平定安南，所以修建这个庙宇。"真的是这样那就和猫没有关系了，又步五撮须配杜十姨真假不辨的旧途了，可以博人一笑。这是揭阳陈升三讲述的。

申甫是云南人，能扶助弱小，见义勇为，还有能言善辩之才。小时候他曾拴着一只老鼠在路边玩。有个道人路过，便教他怎么玩。于是就让申甫捡来路边的瓦石，在

地上四面摆放，把老鼠放在瓦石中间，老鼠横冲直撞就是出不去。不一会引来了一只猫，猫想捕捉老鼠，终究也没能进去。猫和老鼠互相抵抗了很久，道人于是小声对中甫说："这就是所谓的八阵图，你也想学吗？"节录于《申甫传》。（《汪尧峰文钞》）

黄汉按：申甫就是明末刘之纶、金声所公开引荐剿寇，但剿寇失败的那个人。黄汉又按：民间有人把粗线织成圆网，用来罩老鼠，圆网四方上下，每一面都是圆圈，老鼠进去后，冲撞抵触，终究不能出去。这种圆网叫做八阵圈，也叫天罗地网。

嘉应孝廉黄仲安说："州府里有个叫张七的百姓精于相猫。他曾养了好几只母猫，每当猫生下小猫，人们都争相购买，不吝啬钱财，因为知道他的猫都是优良品种。张七常说黑猫必须要配蓝绿色眼睛，黄猫必须要配红眼睛，花白猫必须要配白眼睛。如果猫的眼底老裂有冰纹的，必定很有威严，因为它心神安定。还说猫的颈骨很重要，如果达到三指宽的，捕再多老鼠都不会疲倦，而且还能长寿。其中眼睛泛着青光，爪子有腥味的，最是上等好猫。"

黄仲安还说："张七曾携带了一只幼猫来贩卖，售价非常高，说这猫不是普通品种，是猫和蛇交合后生出来的。还详细叙述了所见到的猫和蛇交合的经过，还指出猫身上的花纹与寻常的猫也有细微差别。我验证了确实不假。"

黄汉按：按照这个说法，那么参军张暄亭所说猫与蛇交那一段似乎也是可信的。

薰仁又说："年前我得到一只金银眼的猫，猫的花纹驳杂，长相凶恶但性格驯顺，善于捕鼠，来到家里不久老鼠就绝迹了，所以给它起名叫'斑奴'。可惜没养半年就死了。也许是长时间拴着的缘故。家里有好猫都担心它会逃走，于是拴着它而损了它的筋骨，如果用大笼子关着会怎么样呢？"

嘉应的秀才钟子贞说："本州梁某，曾得到一只猫，猫的头大于身体，外形特别奇怪，眼睛有光芒，与普通猫相差很大。刚开始不能辨别它的优劣，后来发现它不仅善于捕鼠，主人家也日渐宽裕。主人很珍爱它舍不得把它送人。有一个过客看见它，用重金为诱饵，梁某才卖给他。梁某问猫好在哪里，过客说：'自从这只猫进了家门，你家事事如意，应该是猫的舌心有笔纹的缘故。猫的笔纹朝外，主人就会显贵；猫的笔纹朝里，主人就会富裕。我如今得到这只猫，可以不用为贫穷忧心了。'过客打开猫嘴检验，猫笔纹果然朝里，梁某追悔莫及。"

黄汉按：笔纹猫确实很少听说，而且还能让人富贵，真是兽中的珍宝，可惜不可多得。

猫性情不一，有桀骜不驯顺的，有柔和爱讨好人的，有闲散爱奔走的，有依守不离开的。大概是没有阉割的公猫，和新进的大猫难于控制。所以养猫定要养小猫、母猫。妙果寺的僧人悟一曾说在依偎莲座上喃喃自语的猫是

◆　　　'兜率猫'，又叫'归佛猫'。（黄汉自记）

　　　　温州人把暴戾的性格叫做"猫性"，把不怕死的叫
　　"猫命"，所以常有"这猫性不好"和"这条猫命"的说
◆　　法。（黄汉自记）

　　　　山阴人童二树擅长画墨猫，但凡在端午午时画的墨猫
　　都可以祛鼠，但是他不轻易作画。我的朋友张凯家里藏有
　　一幅，说挂着这幅画，鼠耗果然清静了。（黄汉自记）

　　　　张凯说："人长有猫相，预示能有六品官的地位，在
　　谈相术的书中看到。"

　　　　张凯又说："猫眼极其清澈，所以清澈的泉水叫做'猫
　　　　眼泉'。风水先生说坟墓前有这种泉水，
　　　　　　能庇护主人家高贵显要。"（韵
　　　　　　泉，山阴人）

　　　　　　　长沙的姜兆熊
　　　　　说："道光乙酉年
　　　　　（1825），浏阳马
　　　　　家冲一个贫穷人家

的猫产下四子，其中一只猫的脚是烧焦的颜色，一个月就死了三只，唯独焦脚的活了下来。焦脚猫形体和毛色都不好，也不捉老鼠，常常登上屋顶捕捉撕咬麻雀，有时缩着脖子在池塘边与青蛙和蝴蝶互相嬉戏。主人家嫌它痴懒，一天把它带到县城里，恰好一个当铺里的人看到，震惊地说：'这是焦脚虎啊！'他试着把猫高放到屋檐上，猫其余三只脚都伸抓，唯独焦脚紧握不动，过了很久都不移动旋转。把它扔到墙上也是如此。这个人用二十串铜钱买了它，这个家穷的人特别高兴。先前当铺里本来有很多猫，也有很多老鼠。有了焦脚虎以后，其他的猫都不养了，十多年都没有听到老鼠的声音，人们都佩服他相猫的本领，好像能看到事物表面现象之外的实质。这是我的老朋友李海门告诉我的。李海门，是浏阳的秀才，名字叫做鼎三。"

黄汉按：焦脚虎三个字，新鲜奇妙。

钱塘吴官懋说："我的外甥女姚兰姑养了一只虎斑猫，猫眼睛一只金黄色，一只银白色，还没有尾巴。虎斑猫产下一只小母猫，皮毛颜色为黑底白花纹，也没有尾巴。小母猫今年已经四岁了，和大猫形影不离，行走和坐卧都相随相依，时常为母猫舔顺皮毛，捉咬虱子。每到吃饭，必定要蹲到旁边，等母猫吃完后才吃。母猫偶尔发怒用爪子抓它，它也只是忍受着不敢上前抗争。有时母猫外出没回来，小猫就到处叫喊找寻它。人有时不小心打了母猫，小猫听到声音就会奋力跑过来，一副好像要救母猫的样子。外甥女奉养她母亲很孝顺，人们都认为是她的孝顺感化小猫。"

黄汉按：这与都宪蒋丹林的猫一样都是孝行的感应，可以说是无独有偶。

吴官懋还说："姑苏虎丘有很多专门出售玩具的商店。有种玩具，用一个纸盒子，在盒盖上捏塑泥猫，在盒里捏塑泥老鼠，打开盒子则猫退出，关上盒子时老鼠在猫面前消失了，好像猫在捉老鼠，老鼠在躲避。每个人都有机巧功利之心，但卖玩具的功利之心竟如此巧妙。儿童争相购买，这种玩具叫'猫捉老鼠'。"

姜午桥说："猫是容易受惊的小兽，可以与（劳碌的）劳虫相对。蚂蚁的另一个名字叫'劳虫'。"

黄汉按：从前我的朋友姚淳植说："鹤是高傲的鸟类，鱼是易受惊的鳞类。"还说："猫机灵，鸭迷糊，鱼容易惊愕，鸡眼睛偏斜。蚂蚁勤劳，鸠鸟笨拙。白鹭忙，螃蟹燥。青蛙易怒，蝴蝶痴傻。鹅动作缓慢，狗性格恭顺。狐狸多疑，鸽子诚信，驴子乖戾，蜘蛛灵巧。"他说的很繁复，因为人的记忆有限，所以附记下来以备浏览。（雅扶，庆元廪生，寄居温郡。）

读书人朱赤霞说："在端午这天取枫树疙瘩刻成猫枕，既可以祛鼠，也可以祛邪。"

黄汉按：王兰皋写有一首《猫枕》诗，现在失传了。先前周藕农先生曾经说："兰皋在台湾做知县，考核士子的学业，以猫枕为赋题，能用猫典的学生，寥寥无几。"

丁仲文说："《猫苑》一经出版，则后来写诗赋的人都可以从这里取材了，增补匡助文学艺术界，功德不小。"

猫苑

译文

卷下

雅迷小书

名

物

　　事物名称往往包含其特征，开天辟地以来二者都是从无到有。虽然世间万物交互发展，万事同时出现，没有特征就没有名称，没有名称也承载不了事物的特征。两者就像人的形体与影子形成于一瞬间，但其核心精神能流传百世，以供人笑谈与书画创作，这也不仅是猫的名物能这样。这篇专门为猫的名称提供考证。辑录《名物》一章。

　　猫名叫"乌圆"（出自《格古论》），也叫"狸奴"（出自《韵府》）。还给它起美好的名字叫做"玉面狸"（出自《本草集解》），叫"衔蝉"（出自《表异录》）。又给它起出众的名字叫"田鼠将"（出自《清异录》）。给它起娇娆的名字叫"雪姑"（出自《清异录》），叫"女奴"（出自《未兰杂志》）。给它起奇异的名字叫"白老"（出自《稽神录》），叫"昆仑妲己"。

　　黄汉按：用"乌圆"称猫，递相沿袭很久了，考证王忘菴题画猫诗中的句子"乌圆炯炯"，似乎"乌圆"是专对猫眼来说的。

胡笛湾说："《清异录》记载唐武宗做颖王的时候，在府邸内园豢养可爱的鸟兽以供人赏玩，还画了《十玩图》，其中有一幅就是《鼠将猫》。"

唐代张抟喜欢猫，他的猫每只都价值千金，其中品种珍贵的有七只，都给它们起了名字，分别叫作"东守""白凤""紫英""怯愤""锦带""云团""万贯"。（《记事珠》）

猫在形体较小的兽类中是比较凶猛的。起初，中国没有猫。僧人苦于老鼠咬食佛经，于是唐三藏禅师从西方天竺国带来了猫，所以猫不是中国原产之物。（《尔雅翼》）

黄汉按：这个说法《玉屑》也记载了，还说猫是西方遗留下来的。开天辟地之初，禽兽就与万物共同源起，所以五经早就记载有猫字，何必还要等到后世僧人从西域带来呢？这本来就是误说，没想到《尔雅翼》也引用了这一说法。

养鸟不如养猫，养猫有四个优势：有保护衣物和书籍的功劳，这是其一。随便放在无关紧要的地方就可以，它自己来去，不劳人提把着玩弄，这是其二。喂养猫也只用鱼一种就够了，不用给它鸡蛋、大米、虫子、肉脯，这是其三。冬天放床上可以暖脚，很适合老人，不像鸟遇到严寒就会冻僵，这是其四。但世俗之人嫌它偷吃东西，大多用棍棒把它赶走。但是不养则已，如果养就要养好，这样即便奖励它去偷东西，它也不会干的。（韩湘岩《与张度西书》）

黄汉按：陆放翁有诗句："狸奴毡暖夜相亲。"张无尽有诗句："更有冬裘共足温。"所以"暖老"这一说法也有它的来源。韩湘岩的名子叫锡胙，是青田人，嘉庆间考取进士开始做官，做到观察这一职位。

纳取猫的方法是：把斗或者桶装在布袋里，到了猫的旧家，向人家讨要一根筷子，连同小猫放在装好的桶里带回来。路上遇到沟和坑，必须要用石头填起来才跨过去，这样猫就不会返回旧家。从吉利的方向进家门后，取出猫到堂屋、厨房和家里的狗前拜祝。之后将筷子横着插在土堆里，可以让猫不在家里撒屎。还要让猫上床睡，这样猫才不会离开家。（《崇正辟谬通书》）

黄汉按：温州人纳取猫，用草代替上面说的筷子，草的长度要比照猫尾巴的长短，把草插在粪堆里，拜祝说不要在家撒屎。其余与民间日用书籍的记载大致相同。

阉割猫称为"净"。（《臞仙肘后经》）

番禺的孝廉丁杰说："公猫一定要阉割，抹杀他的雄性气质，化刚为柔，它的体型会日渐圆润。民间还有一种半阉猫，只摘去猫一边的睾丸，它的雄性气质没有完全消失，有种柔中带刚的美感。"

黄汉按：民间日用书记

载，阉割猫应当在伏断日，禁忌在刀砧、血刃、飞廉、受死、血支等煞日。阉猫必须要在屋子外面，猫吃痛自己就会奔回屋里，不然在屋内，猫定会往外逃跑，从此就会把屋里看作艰难可怕的地方了。阉割时，还必须把猫头放置在卷着的竹席口上，阉割后放开，猫就会从竹席后面的口里逃走了，差不多就可以避免咬伤手，这也是个好方法。

古人带猫回家，一定要用娶妻迎亲的态度，如黄庭坚的诗句"买鱼穿柳聘衔蝉"。温州的聘猫风俗则用盐和醋，不知道有什么意义。但是陆游有诗句"裹盐迎得小狸奴"，可以看出用盐为聘礼，由来已久。（《丁兰石尺牍》）

待诏黄香铁说"潮州人聘猫用一包糖。我从私塾老师冯默斋那里讨来了猫，以两包茶作为聘礼。"（绍兴人用苎麻聘猫，所以现在有"苎麻换猫"的谚语。）我从老翁陶蓉轩家聘迎猫，用黄芝麻、大枣、豆芽等这些东西作为聘礼。（黄汉自记）

张孟仙刺史说："吴方言读'盐'为'缘'，所以婚嫁时要把盐与头发作为赠礼，说有缘分。民间习俗相沿，即便是士大夫间也流传着。现在用盐聘猫，大概也是取有缘之意。"这个说法合乎情理，就记录保存下来。

福建、浙江一带种植茭白的人，大多都会养猫狸，然后挖掉它们双眼，任由它们满山遍野号叫，以此来警示老鼠。猫既然瞎了眼，但是又能填饱肚子，也就没有其它事情可做，唯有没日没夜瞎叫而已。（王朝清《雨窗杂咏》）

黄汉按：这个祛鼠方法虽好，但是未免恶毒，也是猫的不幸。温州人讥笑愚蠢不明白事理但又喜欢大声叫嚣的人为"香菰山猫儿瞎叫"。

猫不吃虾和蟹，狗不吃蛙。（《识小录》）

猫吃鳝鱼会变壮，吃猪肝则变肥，多吃肉汤对肠胃有害。（《夷门广陵》）

猫吃薄荷会醉。（《埤雅》）

盐官胡笛湾说："猫把薄荷当作酒，所以叶清逸《猫图赞》写道：'醉薄荷，扑蝉蛾。主人家，奈鼠何。'"

捕食雀、蝶、蛙、蝉的猫，不是狂傲就是野性未除，容易长瘊子和蛆虫。（《物性纂异》）

张孟仙说："猫捕食野生动物，性情就会乖张不驯顺。食用带盐的东西，就会脱毛长癞子。"

陶文伯说："猫喜欢捕麻雀，每每埋伏在屋顶的瓦坳中，伺机猛然一跃起来扑向麻雀，百次中也不失手一次。它也喜欢与喜鹊搏击。"

丁杰曾把猫分为三种，每一种都起了好听的名字。如纯黄的叫"金丝虎"，叫"戛金钟"，叫"大滴金"。纯白的叫"尺玉"，叫"宵飞练"。纯黑的叫"乌云豹"，叫"啸铁"。花斑的叫"吼彩霞"，叫"滚地锦"，叫"跃玳"，叫"草上霜"，叫"雪地金钱"。斑驳狸花猫，则有"雪地麻""笋斑""黄粉""麻青"这些名字。

郑烺是永嘉人，拟写猫格分类，用官名来区别。如小山君、鸣玉侯、锦带君、铁衣将军、麴尘郎、金眼都尉。至于雪氅仙官、丹霞子、鼾灯佛、玉佛奴这些名称，则是用仙、佛来给猫命名，更加富有韵致。

黄汉按：猫的别称，在古代有极其雅致的。相传唐代的贯休有一只猫，名叫梵虎。宋代的林灵素有猫，名叫吼金鲸。金声有猫，名叫铁号钟。于敏中有一只猫，名叫冲雾豹。有人说吴世璠败兵后，军官得到三只脖子上悬挂牌子的猫，一只叫锦衣娘，一只叫银睡姑，一只叫啸碧烟，都是好猫。我前后交往的朋友中，如广文陈镜帆，有只猫叫天目猫。周藕农在河南做官时，养了只猫叫一锭墨。淳安的太学生周爽庭，有只猫叫紫团花。泰顺的董诣，有只猫名叫乾红狮。这些猫和遂安的朱小阮的鸳鸯猫，萧山沈心泉的寸寸金，只是时间前后不一致，都是不相上下的好猫。

木猫，俗称鼠弶。陈定宇写有《木猫赋》。(《通俗编》)

黄汉按：陈定宇在赋中写道："惟木猫之为器兮，非有取于象形。设机械以得鼠兮，借猫公而为名。"等等。

竹猫：待诏黄香铁说："《武林旧事》记载：小商品

店里有一种叫竹猫儿的东西，应当是竹子做的器具，用来捕捉老鼠的，还有猫窝、猫鱼、卖猫儿、改猫犬。猫窝应该是猫睡觉的地方。如今京城深冬时节穿的皮鞋也叫猫儿窝。还有崇祯初年，后宫女眷把绣有兽头的鞋叫猫头鞋，有见识的人说'猫头'，谐音就是'旄头'，是战争的象征，记载在《崇祯宫词》中。"

铁猫，就是系船的石墩。猫有的写作"锚"。（焦竑《俗书刊误》）

黄汉按：广东人把船桩叫做铁猦，大概因为猦和猫外貌相似的原因。

黄汉又按：另外关于铁猫的三个事件已经依类列举在上卷的《灵异》一章中。

金猫：临安的府尹烧铸了金猫来补偿秦桧孙女丢失的狮子猫，详细内容参见后面的《故事》一章。

火猫：温州农村人家，冬天都抟土制作一种器具，器具要开一个口来容纳炭火。器具的背部隆起，挖很多小孔用来升发物体燃烧时所发的热气，这种器具叫火猫。温州

男女老少都用它来抵御寒冷。（王朝清《雨窗杂录》）

泥猫：陈笙陔说："杭州人每到五月初一，就要到半山上去观看划船比赛，定要从娘娘庙里买泥猫回家，不知道他们取什么寓意。猫是泥土塑造的，涂上各种颜色，猫的大小也不一样。"吴杏林说："养蚕人家大多买泥猫来祛鼠。"

纸猫：张成晋说："《坚瓠集》里记载了《纸猫》诗。"

黄汉按：器物以猫来命名的还有猫枕头，杨诚斋有"猫枕桃笙苦竹床"的诗句。

李胜之道士，曾经画《捕蝶猫儿图》，来讽刺时事。

黄汉：陆游的诗写道"鱼餐虽薄真无愧，不向花间捕蝶忙。"

黄汉又按：《宣和画谱》记载："李蔼之是华阴人，善于画猫。"如今皇帝库府里收藏有《戏猫》、《雏猫》和《醉猫》、《小猫》、《蚕猫》等猫图，一共十八幅，这个李蔼之或许就是李胜之吧！《宣和画谱》还记载何尊师专门画猫，曾说猫和虎很相似，唯独猫耳大、眼黄不同。可惜何尊师没有将画技扩充到虎，只善于画猫，也许是在画猫中寻找乐趣吧？《宣和画谱》还记载滕昌祐绘有一幅《芙蓉猫儿图》。王凝画有《鹦鹉》及《狮猫》等图，不仅外形相似，也还画出了富贵神韵，自成一派。

宋代人还有《正午牡丹图》，不知道是谁的作品，参见《埤雅》。禹之鼎画有一幅《攀元大长公主抱白猫图》，如今收藏在吴小亭家。小亭说："画中公主很高，猫通身纯白如雪，唯独眼睛是红色。"

近来流传的还有有《猫蝶图》，应该是取耄耋的意思，用来祝贺寿辰。曾衍东在自己的猫画上题写道："老夫亦有猫儿意，不敢人前叫一声"，似乎是要告诫人们慎重言语。曾衍东是山东人，在湖北做官，嘉庆间因犯事被贬到温州，他善于作诗绘画，自号七道士，又被称为曾七如。

明代李孔修，字子长，顺德人，画猫技巧极其精妙。高官们拿着信纸去请他作画，总是得不到。曾欠柴夫钱，便画了一幅猫图给柴夫，柴夫闷闷不乐，到半路上，人们

争相抢购这幅画。不久柴夫又用柴草来请求他作画，李孔修只是笑笑不答应。(《广东通志》)

黄香铁说："何尊师擅长画猫，他画的猫，有睡卧的，有醒觉的，有伸长胳膊的，有相聚游戏的，都到了奇妙的境地。猫的毛色铺张，体态顺服，特别受人欣赏与喜爱。"

盐官胡笛湾说："《墨客挥犀》一书记载，欧阳修曾得到一幅《牡丹丛》古画，牡丹丛下方画有一只猫，欧阳修不知道这幅画的精微奥妙之处。丞相吴育一见到这幅画就说：'这画的是正午时的牡丹。凭什么知道的呢?画上的牡丹花枝分散、花瓣张开，而且花的色泽干巴巴的，这是正午时的花；猫睛里黑瞳仁像条线，这是正午时的猫眼。（早上的）牡丹花带有露水，并且花冠聚拢，色泽鲜艳。猫眼在早上和傍晚时瞳仁是圆的，随着太阳升高就变狭长，到正午时分就细得像一条线了。'这真是善于推究、揣摩古人作画的想法了。"

郑烺说："以前有一个画家高手，曾画了一只猫横着卧在屋顶上。猫形神兼备，惟妙惟肖，众人一致夸赞。一个客人见到后说：'好是好，可惜还是有不足之处。把猫竖起来，长度也不过一尺多，这只猫横卧瓦上，却占了六七行瓦，这说不通啊。'于是人们都佩服他精明的见解。"

清明这天，温州的小孩和猫狗，都要带上杨柳圈，这也是风俗中相对冷僻不常见的。（朱联芝《瓯中纪俗诗》注）

黄汉按：猫与尘世之事结缘，所以人事中牵扯猫的很多。比如谚语说人做事不干净，偷偷摸摸，称为"猫儿头生活"，参见《留青日札》。做事不精，只知皮毛，就讥笑他为"三脚猫"。张鸣善的散曲写道："三脚猫渭水飞熊"，参见《辍耕录》。黄香铁说："我家乡开标场赌标的人，每四字作一句，其十二字分作三句者，叫做三脚猫。"华润庭说："吴地的风俗，把收养的孩子称为'野猫'，叫虚伪狡诈的人作'赖猫'，练习拳术勇猛的人叫'三脚猫'。"

黄汉又按："偷食猫儿改不得"，参见《杂纂二续》。"哪个猫儿不吃腥"，参见《元曲选》。"依样画猫儿"，"寒猫不捉鼠"，都参见《五灯会元》。"猫头公事""猫口里挖食""猫哭老鼠——假慈悲"，一同参见《谈概》及《庄岳委谈》。（民间流传一个笑话，说一天，猫在颈子上挂了一串佛珠，老鼠觉得猫已皈依佛法，一定慈悲了。我们不必恐惧了。老鼠们嘴巴里尽管这么说，心里还是不太相信。大老鼠就想了一个办法试探。起先，一只小鼠从猫的面前走过，猫伏着不动，小鼠过去了。接着，一只中等老鼠又从猫的面前走过，猫还是伏着不动，中等老鼠过去了。最后，大老鼠才放心地想从猫的面前走过，猫突然跳起来，把大老鼠擒住咬死了。老鼠吓得四散奔窜地说："原来是假慈悲，原来是假慈悲啊。"）

又像《通俗编》所记载的，"猪来贫，狗来富，猫来开质库。"还有"狗来富，猫来贵，猪来主灾晦。"至于"朝喂猫，夜喂狗"一条，在《月令广义》中也可以看到。世俗又把捕快和小偷混作一处，称为"猫鼠同眠"，这四个字在《新唐书》中可以看到。浙江谚语又有"猫哥狗弟"的说法，因为猫常常怒斥狗，狗往往退避逃走，所以《韵本》有"兄猫"一词。这也是牵强附会的说法。至于"猫儿念佛""猫儿牵耆"的说法则是因为猫的鼾声才这样说的。温州俗语又把讹索财物的人称为"猫儿头"，把气量小的人称为"猫儿相"。如果少年人奋勇前进，就说"新出猫儿强如虎。"这些谚语虽然粗俗，但都有道理，所以才从古

至今传诵不断。《红楼梦》所说的"钻热炕的淹毛小冻猫子"，则是满州人的方言。

黄汉按：猫虽然没有列入六畜之中，但是把猫狗连称的也不少。比如"狗来富，猫来贵""朝喂猫，夜喂狗"，以及"猫哥狗弟"以外，温州还有

清明猫狗戴柳圈的风俗，都是属于把猫和狗连缀论述。还有俗语说："六月六，猫狗浴。"黄香铁的《消夏》诗："家家猫狗浴从窥。"还有无名氏《硕鼠传》说："今是获不犬不猫"。还有数九歌："六九五十四，猫狗寻阴地。"至于五代卢延让因应举诗"饿猫临鼠穴，饶馋狗舔鱼砧"句被赏识，于是获得考试成功，人们说他是得力于猫和狗的功劳，这一则把猫和狗一同论及是很明显的。

华润庭说："猫虽然没有列在'六畜'中，但它生性和顺善良，善解人意，所以受到人的爱护，这也是因为猫的本性才招致人的喜爱。"

我爱好吃鱼，有个客人讥笑我说："听说你在辑录猫的故事，你知道冯谖是猫的转世之身吗？"我问："从哪里可以看出？"他回答说："从他弹剑柄唱没有鱼吃看出来的。"我说："然而我本来也是冯谖的转世之身，你知道吗？"我们相对无言。（黄汉自记）

## 故事

　　人与物因有缘分而生出事端。故事历劫不磨，于是成了遗闻奇事。猫与人事也多相关。话说："前事不忘"，君子以古为鉴，奇闻同样值得摘录。前人记录了不少掌故，由我此悉心搜辑成《故事》一章。

　　孔子弹琴，闵子骞听到后告诉曾子说："以前夫子的琴声清澈激昂而又和谐，今天的琴声却变得很低沉。（琴声低沉是因为利欲之心引起，琴声沉郁是因为有贪欲之念。）夫子有什么样的感受让他这样呢？"两个人就进入了孔子的居室向孔子询问。孔子说："是啊，你们说得对。刚才我看见一只猫正在捕捉老鼠，心里希望猫捉住，所以才会弹出幽沉之音。"（《孔丛子》）

　　连山的士大夫张抟爱好养猫，每种猫都有养，还给每只猫取了好听的名字。他每每办完公事回家，才走到中门，数十只猫就摇着尾巴，伸长脖子围绕着他，迎接他回家。他常常用绿纱做成帷帐，把猫聚到里面游戏，有人说

张抟是猫精。（《南部新书》）

皇后武则天养了一只猫，让人调教猫儿与鹦鹉在同一器皿和平进食，取来给百官传看。可没等传看一遍，猫儿饿了，就把鹦鹉咬杀后吃了。武则天十分惭愧。（《唐书》）

武后谋害王皇后与萧淑妃。萧淑妃大骂道："愿武氏变老鼠，我变成猫，生生世世扼住她的喉咙。"武后于是下令后宫中禁止养猫。（《旧唐书》）

猫的别名叫"天子妃"，参见《鹤林玉露》。应该是萧淑妃被杀害，临死前有"愿武氏变老鼠，我变成猫"的话，因此有了"天子妃"这个叫法。（梁绍壬《秋雨庵笔记》）

卢枢作建州刺史时，曾在中庭赏月，看到七八个白衣人说："今晚这么快乐，但白老就快要来了，怎么办啊？"过了一会儿，所有人都突然进入阴沟中不见了。此后过了几天，他离任回家了。有一只叫"白老"的猫从大房子的西边台阶的地下，捕获了七八只老鼠。（《稽神录》）

唐宪宗元和初年，长安城有个名叫李和子的无赖少年，他常常偷猫、狗吃。一天，两个身穿紫衣的官吏直奔他而来，说为了四百六十头猫和狗状告他的事。李和子很害怕，便邀请两个鬼去酒店请他们喝酒，让他们行方便放了他。两个鬼说："你去筹办四十万钱，为你借三年的寿命。"李和子赶紧回家典卖了衣服物品，筹措好四十万钱烧了，看见两个鬼带着那些钱走了。到了第三天，李和子就死了，鬼说的三年，应该是人世的三天。（段成式《支诺皋》）

薛季昶梦见猫趴在大堂的门槛上，猫头朝向外面。梦醒以后他就问占梦人张猷。张猷说："猫是爪牙，伏门槛上，表示是在外统兵之事。你一定会掌握军事大权。"果然薛季昶就迁升为桂州都督、岭南招讨使。（《朝野佥载》）

裴谞为人诙谐幽默，任河南府尹时，两个妇人投状争一只猫，状纸上写着："如果是你的猫儿，就是你的猫儿，若不是你的猫儿，便不是你的猫儿。"裴谞看后大笑，写下判词道："猫儿找不到主家，挨家沿户去提老鼠。你们两家不要争夺了，拿来给裴谞养在官府里吧。"于是把猫收归已有，两妇人都笑了。（《开元传信记》）

《稽神录》：建康有个卖醋人，养了一只猫，猫十分健美。辛亥年六月，猫死了，此人不忍葬埋，将猫放置于座位旁。几天后，猫尸腐烂，臭不可闻。此人不得已，只好把猫尸抛到秦淮河中。猫一入水就活了过来。此人下水救猫，反被淹死。而猫上岸后便逃跑了，被金乌铺吏捕获，把它绑起来锁到铺子里，他又把大门锁好，前去报官，将要用这只猫作为证据。等他回来时，猫已经挣断绳索，咬穿墙壁逃走了，终究没有再找到它。（《太平广记》）

《闻奇录》：一年夏天，进士归系和一小孩睡在厅堂中。忽然，一只猫大叫起来，他担心猫叫惊扰孩子，便叫仆人用枕头打猫，猫不小心被枕头击中而毙命，孩子即时作猫叫，几天后小孩就死了。（《太平广记》）

平陵城里有一只猫，经常带着一把金锁，有金钱斑花纹，跑起来跟蝴蝶飞一样，当地人常常能看到它。（《酉阳杂俎》）

《闻奇录》：李昭嘏赴考落第，其文卷皆已收归至司。一日，主司睡午觉，见一文卷在他的枕前，看名字，是昭嘏的试卷。主司令人送还架上，又准备睡觉，看到有

◆　一大鼠又衔取昭暇之卷轴又送至主司枕前，这样反复三次。第二年春天，昭暇考中进士。主司询问，才知道他家三世不养猫，大概是老鼠来报恩吧。（《太平广记》）

◆　　宝应年间，有个姓李的人，家住在洛阳。他家世代不杀生，所以家里不曾养猫，宽容了老鼠，不致被猫杀死。等到他的孙子，也能继承祖辈的愿。曾有一天，李氏隆重地聚集亲友在堂中会餐。落座后，门外有几百只老鼠都像人那样站着，用前爪拍巴掌，似乎很高兴的样子。家僮很惊异，告诉了李氏。于是老老少少全都跑出去看。人走光之后，堂屋忽然倒塌。家人及亲友没有一个受伤的。屋倒之后，老鼠也都跑了。可悲啊！老鼠这么小的动物尚且知恩图报，更何况是人呢？（《宣室志》）

　　我在京城，看到有人张贴文告，文告上说："虞太傅家的猫儿丢了，猫儿毛色雪白，名叫'雪姑'。"（《清异录》）

　　秦桧孙女小名叫童夫人，童夫人有一只十分宠爱的狮猫，有一天，狮猫突然失踪了，她立刻命令临安府尹找寻。府尹把城中所有的狮猫统统捕捉起来，可都不是童夫人那只狮猫。临安府尹只好贿赂童夫人宅子里的老翁，询问他狮猫的形状，然后画了一百张图，在各大茶肆酒店张贴，却仍无下落。最后，临安府尹托童夫人面前的红人前去求情，才算了结这一公案。（《老学庵笔记》）

黄汉按：《西湖志余》记载秦桧孙女被封为崇国夫人，她的狮猫走后，当时的府尹曹泳请了崇国夫人面前的红人用金猫贿赂恳求她，这个案件才得以了结。

万寿寺有位彬法师，诙谐幽默。有一次会见客人时，他养的猫卧在一旁，彬法师说："鸡有五德，我的猫也有五德：见鼠不捕，是仁。鼠夺其食而知谦让，是义。设宴待客便出来，是礼。东西藏得再隐蔽，也能偷得到，是智。每到冬天定要躲进灶内，是信。"客人听后大笑不能自持。（《挥麈新谈》）

明代景泰初年，西域国向皇帝进贡了一只猫，途经陕西庄浪驿站。有人问说猫有什么独特的地方值得上贡，西域使臣请求测验。于是他用铁笼罩住猫，放在一间空房间里，第二天早晨一看，有几十只老鼠都伏在笼子外面死了。使臣

说这只猫无论到哪里，几里以外的老鼠都会到它跟前伏死，原来这只猫是猫王。（《读已编》和《华彝考》都有记载）

湘潭张博斋说："亲戚家养了一只猫，好多年不曾见猫捕过一只老鼠，但是家里老鼠也绝迹了。一天，家中修整住房，发现猫常常伏卧的地板下竟然有几百只死老鼠。这才知道这只猫其实是善于捕鼠的。这就是华润庭所说的猫捕老鼠，能聚集老鼠的猫才是上品好猫。"

明朝皇宫里的猫和狗，都有官名能享受俸禄。朝中达官贵人养的猫，常常叫作老爷。（宋牧仲《筠廊偶笔》）

明代万历时，朱由校皇帝最看重猫。猫为皇帝所爱怜，后宫妃子也都蓄养，还给猫加官进爵。对猫的称呼更是奇特：母的就叫某丫头，公的就叫某小厮，如果是阉割过的就叫某老爷。甚至还有名号封号，直接称为某管事，同宫内官员一样领取赏赐。这都不过太监之流为了满足贪欲想出的把戏，不也跟北齐的高纬一样吗？猫生性喜欢腾跳，皇帝子嗣刚出生还没来得及长大，这期间如果遇到猫求偶叫春，叫声凄厉，往往会受惊抽搐得病。奶妈又不能明说，所以多数小孩都养不大。这些都是宫廷近臣亲口说的，似乎也不假。还说曾看到宫廷近臣家所养的被阉割过的猫，其中高大的比普通家犬还要大。但是狗又以小为贵，最小的的像波斯金线之类，反而比猫小好几倍。人们常把小狗包裹了放到袖子里，一叫唤它就会自己跑出来，小狗声音雄浑，色彩跟豹子一样斑斓。（《野获编》）

临安城北门，外西巷有个卖熟肉的老头，名叫孙三。孙三每天出门前，必定再三叮咛他老婆说："好好照管我那只猫儿，全京城找不出这种品种，千万不要让外人看见，否则被人偷走，那我也不想活了。我年纪大了，又没有儿子，这猫儿就跟我的儿子一样。"孙三每日都对老婆说这番话，邻居们也都知道，久而久之，不觉引起人们的好奇心，想看一看那猫的长相，可

总也见不到。一日，猫儿忽然挣脱锁链跑到门外，孙三的老婆急忙将猫儿抱回屋内，那猫儿一身火红，看见猫的人，都被这罕见的毛色惊羡得说不出话来。孙三回来后，责备老婆没有看好猫，对老婆打骂交加。很快这事就传到宫内宦官的耳中。宦官立刻派人带着贵重的礼物来拜访孙三，希望孙三割爱。孙三一口拒绝。宦官求猫之心更是急切，前后四次拜访孙三，孙三只答应让宦官见猫，宦官见了猫之后，更是不得到猫不罢手，最后终于用三十万钱买下。孙三卖了猫儿后，流着泪对老婆又打又骂，整天唉声叹气。宦官得到猫后很高兴，想将猫儿调教温驯后再呈给皇帝。但不久之后，猫儿的毛色越来越淡，才半个月，竟变成白猫。宦官再度前去孙三家，孙三早已搬走了。原来，孙三是用染马带的方法，把白猫染红，而先前的叮咛、责打，全是骗人的把戏啊。（《智囊补》）

明朝万历年间，皇宫中有只老鼠，同猫一样大，为害不小。宫中派人四处寻找好猫来制服它，可每次猫都被老鼠吃了。恰好这时外国进贡了一只狮猫，这狮猫浑身毛白如雪。人们抱着它丢进那恶鼠横行的屋子里，关上门，偷偷地观看。只见狮猫在地上蹲了好久，那老鼠慢慢地从洞里钻出来，它一见猫，便大怒地扑了上去，猫避开它，跳上案几，老鼠也跟着窜了上去，猫又跳了下来，就这样上上下下，反复不止百次。大家都以为猫胆小害怕。不久，老鼠的跑跳渐渐变迟缓了，只得趴在地上稍作休息。这时，狮猫立马飞奔下来，用利爪揪住老鼠头顶上的毛，咬住老鼠的脑袋，狮猫同老鼠扭作一团，只听猫发出"呜呜"声，老鼠发出"啾啾"声。大家急忙打开门一看，原来鼠的脑袋早已被猫嚼碎了。这时人们才知道狮猫避开老鼠，并不是胆怯，而是等待老鼠疲惫再进攻。那老鼠奔来它就跑开，那老鼠跑开它又去挑逗，狮猫就是用的这种智谋啊。（《聊志异斋》）

张云在做盐城县令时养了一只猫，他很喜欢。到他被调任到京城做御史时，他便带着猫同路。到了一个衙署里，素闻这里多鬼魅，人们都不敢进去，他却要在里面住宿。晚上二更天，有个白衣人向张云请求留宿，结果被猫

一口咬死了。仔细一看，竟然是一只成人形的白鼠，此后，官署里的鬼魅就绝迹了。（《坚瓠集》）

毕怡安的小姨喜欢养猫。有一天席间行击鼓传花令，以猫叫代替击鼓声。每当花传到毕怡安的手中时，猫一定会叫。毕怡安不胜酒力，心中不觉起疑。于是他暗中留神观察，终于发现原来是小姨捣的鬼，每当花传到自己手中时，小姨就暗暗掐一下猫让猫发出叫声。（《聊斋志异》）

有个李姓侍郎从苗疆带回一位妇人。时间一长，那妇人年老多病，终日卧床。她曾蓄养了一只猫，并且十分爱它，每天与大猫同吃同住。当时，村里流传说有夜星子作怪，会迷惑小孩，让孩子患羊癫疯病。远近村民都惶惶不安。一天，有个巫婆声称自己能制服夜星子。她削制了一付桃弓柳箭，并系上一根长丝线，乘夜星子乘骑跑过时，便向它射去。长丝也随着箭飞走了，她便派人沿着丝线追寻。结果，发现长丝落在李侍郎家。忽然，婢女来报告说老苗婆背上中了一箭。巫婆到那儿一看，老苗婆已奄奄一息，而她蓄养的老猫还趴在她的胯下。大家这才知道，那老苗婆练妖术

作祟，常把猫当成她的坐骑。（《夜谈随录》）

江宁王御史的父亲有名老妾，七十多岁了，养了十三只猫，她非常爱这些猫，就像爱自己的儿女一样。这些猫都各有乳名，只要一叫到它，它就会跑过来。乾隆己酉年（1789），这名老妾死了。这十三只猫就围着她的棺材打转，哀鸣不止。别人喂它们鱼，它们只是流泪，一点也不吃。这样饿了三天，十三只猫竟在同一天死了。（《子不语》）

山东沂州多老虎，一个名叫焦奇的陕西人暂住在沂州，焦奇一向神勇彪悍，进出大山，遇到老虎时，总是徒手杀死老虎。当地有一个富人，钦佩焦奇之勇，设宴款待他。焦奇讲述他平时捉虎的情形，洋洋得意。突然一只猫蹿上筵席乱抓食物，主人却说："这是邻家的孽畜，竟然这样讨厌！"不一会儿，猫又来捣乱。焦奇

急忙起身出拳去打猫，座上的盘碗全都打碎，而猫已跳窗角蹲伏在那里了。焦奇大怒，又追上去猛击，窗棂也被打裂了，猫却一跃跳上屋角，瞪大了眼睛看着焦奇。焦奇更加恼火，张开臂膀，装作擒缚猫的样子，而猫"喵"了一声，翻过邻家的墙头走了。主人拍手大笑，焦奇非常惭愧地退出了筵席。能生擒猛虎而不能捉猫，难道真是遇到大敌勇猛，遇到小敌反而怯弱吗？（《谐铎》）

福建一位夫人喜欢吃猫肉。捕到猫后先在小口坛子里放上石灰，再将猫扔进去，然后灌入开水，猫被石灰水的热气蒸腾侵蚀，毛全部脱落，不用人去拔毛，猫的血液全部流回了心脏，猫肉莹白如玉。她说这样做猫的味道胜过嫩鸡肉十倍以上。她每天张列罗网，设置机关，所捕杀的猫不计其数。后来这位夫人病危，呦呦作声就像猫叫一

样，过了十多天就死了。（《阅微草堂笔记》）

邹泰和学士爱猫成癖。每次宴客，就召唤猫与儿孙一同坐在侧边，赐孙子一片肉，必赐猫一片。他在河南督学，巡视完商丘后，出官署时走失了一只猫，便正式下达檄文督促县令捕寻。县令苦于此事繁杂，用印文汇报说：“卑职已派遣差役挨家挨户地搜捕了，可未寻得邹督宪所说的那只猫。”（《随园诗话》）

黄汉按：古今名贤有猫癖的很多，像前代的张抟大夫，当今的邹学士都很喜欢猫。近年玉环厅的某司马，有八只猫，都是纯白色，取名作八白。常用紫竹稀眼柜笼住它们，柜子分四层，每层住了二只猫，行动不论远近，司马定要带上它们，这也可以说是爱猫到极致了。

巡尹刘月农说：“山东临清州出产的猫，毛长体丰，珍贵而具观赏性，唯独慵懒散漫，不能捕鼠。所以临清人把徒有其表而无才能的男子称为‘临清猫’。”

合肥的宗伯龚鼎孳（号芝麓）所宠爱的顾夫人单名一个媚字，夫人生性爱猫。她养了一只猫，起名为“乌圆”，日日在花栏绣榻间对猫千般抚爱，百般呵护，珍重之意超过钟爱的儿女。顾夫人还喂猫儿大餐大鱼，不想猫儿竟过食而死，顾夫人忧郁数日，茶饭不思。芝麓为了平衡夫人爱猫的情分，特意用沉香木凿了一副棺材盛葬此猫，还请了十二位女僧，做了三天三夜的道场。（钮玉樵《觚剩》）

江西崇仁县沈公的侧室，曾养了数十只猫，各色品种齐全，给它们系上小玲铛，群猫齐聚玩耍时则琅琅作响。家中每日开销都匀出一份买猫料。沈公是嘉庆时的拔贡，名叫沈棠。

吴云帆太守说："高太夫人是高颖楼先生的正室，是观察高小楼的母亲。她是浙中闺秀，十分喜欢猫，曾搜集猫的典故，著有《衔蝉小录》一书，风行于世。"（夫人名荪薲，字秀芬，是会稽的孙姓，著有《贻砚斋诗集》。）

汉按：猫招女子的喜爱，有收集猫典这样的爱法，再看前文所记载的李中丞、孙闽督两闺媛的爱法就很特别。但是终究比不上高太夫人的喜欢，高夫人还为此著书传世，这真是清雅。可惜《衔蝉小录》一时间采购不到，所以无从利用该书的内容，为我的这本书增添光彩。（孙子然说："夫人有咏猫诗句写道：'一生惟恶鼠，每饭不忘鱼。'子然，名仲安，是高太夫人的族弟。）

# 品藻

　　动物杂生，但凡有一种能够得到著名贤人的赞赏，或是词人的题咏，那将是它一生的荣耀。但如果不是有高贵的品性、特殊的才能，又怎能轻易获得赞赏呢。古今以来的品评文章，涉及猫的不少，因为猫本来就有品德有本领啊。因为有修为而受到品评，怎么能说不是猫类的荣耀呢。因此辑录了《品藻》一章。

　　《诗经》：山中有山猫和老虎。

　　《庄子》：你难道没有看到野猫吗，它们隐伏起来，伺机捉住出来活动的小动物，东窜西跳，不避高低。（《渊鉴类函》）

　　又说：骐骥、骅骝这样的好马，一天可以行千里，但是抓老鼠的本事还不如野猫，这是因为技能的不同。

　　《尹文子》：让牛捕鼠，不如野猫迅捷。

　　《史记·东方朔传》：骐骥、騄駬，飞兔、騕褭虽然都是千里马，但如果让这些骏马去捕鼠，连个跛脚猫都不如。

《淮南子》：只注重审察毫厘之数的人，必定失去天下的大数；对于小事的计算不差分毫，干大事就会糊涂了。比如山猫不能让它同牛搏斗，老虎不能让它捕老鼠。

《八纮译史》：高昌国不进贡，唐太宗派人责问，高昌国国王回答说："老鹰在天上飞，野鸡在草里跑，猫在屋里游走，老鼠在洞里安居，各有各的天地，不也很让人快乐吗？"

《委巷丛谈》：古人咏猫的绝句很多，但各有其用意。黄庭坚的《乞猫》诗写道："秋来鼠辈欺猫死，窥瓮翻盆搅夜眠，闻道狸奴将数子，买鱼穿柳聘衔蝉。"比喻小人得志，是希望君子能得到起用的意思。刘泰写诗道："口角风来薄荷香，绿阴庭院醉斜阳，向人只作狰狞势，不管黄昏鼠辈忙。"语涉讪骂讽刺之意。刘潜夫写诗道："古人养客乏车鱼，今尔何功客不如。食有溪鱼眠有毯，忍教鼠啮案头书。"语意比刘泰的诗歌稍显含蓄，但流露出督责之意。陆游写诗道："裹盐迎得小狸奴，尽护山房万卷书。惭愧家贫策勋薄，寒无毡坐食无鱼。"大约也是厚施薄责、主家惭愧的意思。唯有刘伯温写诗道："碧眼乌圆食有鱼，仰看蝴蝶坐阶除。春风荡漾吹花影，一任人间鼠化凫。"真是胸怀豁达包容，无需实行刑法禁令，奸邪叛乱之人自然潜消默化，真是辅佐帝王成就大业的人才啊。(《全浙诗话》)

明胡侍《骂猫文》说："家里有一只养了很久的白公鸡，白公鸡在树上栖息，而意外遭到猫的撕咬，便唤猫让它到跟前骂它说：'咄！你这个猫，你没有其他任务，任务就是捉老鼠。古代大蜡祭祀也迎接你。不捉老鼠，可以说是不称职，而又咬吃报晓的鸡禽，累计你的罪过，不只是不称职而已。咄！你这个猫，看看吧，老鼠结伴而行，子孙繁茂，有的爬上天花板，有的摇动门闩，有的沿着床榻跑，有的在桌上晃荡，有的在杯子里喝水，有的在盆盂里偷吃，有的打翻匣子，在盒子上打洞，有的咬开画卷撕开书籍。你在这个时候，倘若伺机捕捉一下，老鼠不至于逾越房间，而你也可以饱餐鲜肉，人的祸害也能被铲除。你也许不这样做，那么趴在地上大声号叫，咆哮怒叱，即使不能制服老鼠，但是声音也能让老鼠害怕，少有老鼠不退缩逃亡的。但是静悄悄听不到你的声音，无声无影看着老鼠往来。我不料想你窥探高处，凌空飞行，翻越墙壁、厨房，沿着树干攀爬树枝，

攀折花草，但你的劳苦只为了一只鸡。老鼠是人的祸害，你还保护它，公鸡有德行，你却咬杀了它。老鼠也是幸运，公鸡也是无辜啊。虽然有猫，还不如没有，没有你，鼠患也不会比今天更严重，而且我可以肯定的是公鸡的灾祸可以避免了。'"（《渊鉴类函》）

杨夔《畜猫说》：敬叟亭家苦于老鼠的骚扰。于是他给捕捉野物的人赠送财物，使他捕一只比家猫厉害的野猫仔。几天之后终于在汴都得到，比买到骏马还高兴。铺好草垫来给猫休息，准备好鱼给野猫吃。精心养育野猫，就

像养自己的子女一样。但猫还是会抓取野物，捕捉飞鸟，只要一动，没有不成功的。老鼠害怕从而绝迹了。

黄之骏《讨猫檄》写道：捕鼠将军佛奴，生性软弱胆小，假装仁慈。学白鹦鹉诵佛经，冒充尾君子守规矩。大白天在花阴下偷懒，不管老鼠打翻盆，晚上困倦瘫在竹席上，任由老鼠凿墙壁。甚至还与老鼠呼朋引类，九子环母；奎背登肩，六贼戏于弥陀之座。你却如老僧入定，不闻不见。傀儡登场，无声无息。你优柔寡断，一味宽容恶人。于是才有灭鼻的灾祸，反受老鼠之害。就像阎罗王怕鬼，扫尽了威风；大将害怕小兵，失尽了规矩。你自甘受唾面之辱，实在是犯纵恶之罪。祸端由谁而起?都因有沽名钓誉之辈。因此我们要整齐部伍，入犬牙阵；重整蔡州骡子之军，再辅之以牛箕，加之以马索，轻的就像捉猪，重的就像鞭羊。要把你吊在旗竿之顶，以作前车之鉴；要把你绑在麒麟楦上，姑且看你日后捉鼠的成效。你一定要振作虎威，不让鼠辈逃脱。"

《谐铎》劝说道：从前万寿寺的彬禅师把猫见老鼠不

捕看作仁义。人们说他说大话，但是不知这确实是佛门法规。但是读书人一旦做官，要以铲恶扶良为要务，像佛奴一样享受人民的俸禄，猎取名誉，纵容奸邪，则是人民的祸害。像佛奴这样的，佛门一定会宽宥它，但定会受到国法的诛杀。（《谐铎》）

《义猫记》说：山西有个富人，养着一只外形奇特、聪明伶俐的猫，猫眼睛金黄色，脚爪淡青色，头顶有红斑，尾巴灰黑色，身上的毛却像雪一样洁白。同乡有一个贵人的儿子看到了那只猫，非常喜爱，就拿一匹骏马和他交换，他不肯；拿爱妾来和他交换，他不肯；甚至拿一千金来买那只猫，富人仍是不肯。贵人儿子恼怒了，就设法诬告富人和强盗有往来，要破他的家产，富人还是不肯放弃他的爱猫。就带了他的猫逃到广陵，住到一个巨商的家里。哪知巨商也爱他的猫，想想方设法来求他，终究没有办法，巨商就想用毒酒害死他。猫与富人寸步不离，毒酒一倒满，猫就把酒打翻，再倒满，猫就再打翻，像这样斟满打翻了三次。富人警觉便带着猫连夜逃跑。在路上，碰到一位老朋友，就藏在了朋友的船里，在渡过黄河的时候，富人失足掉到河中溺水了。猫看到主人落水，又叫又跳，富商朋友捞救不及，猫便也跳入水中，与水波一起消失了。

当天晚上，老朋友梦见富人说："我和猫都没有死，在天妃宫里。"天妃就是水神。朋友第二天便去天妃宫朝拜，看见富人和猫都在神庙里，便买了棺材埋葬了富商，把猫埋在了他的身旁。呜呼！虫鱼禽兽，有的在主人身前报恩，有的在主人死后殉死，就像毛宝的白龟，思邈的青蛇，袁家儿的大狞犬，项羽的乌骓马，数也数不过来。猫三次打翻毒酒，何其灵；呼救不成功便殉死，何其义啊，这在牲畜中是不多见的。但是富商因为爱猫的缘故，才遭受家破人亡，流离失所，又遭投毒，但如果不是猫有先见，打翻毒酒，他差点就死于毒酒了。等到主人失足落入河流，猫又跳叫着求救，最后殉死在洪波之中以报主人的珍爱之恩。再看人的妻妾中，遇到灾难不能一起对抗、决断的，真是要感到羞愧啊！（徐岳《见闻录》有记载，

《虞初新志》《说铃》也有记载。）

张正宣《猫赋》说：猫为小兽，有它独到之处。一定要吃鲜鱼，睡暖毯。跳上灶台不会受责怪，登上床席也不会讨人嫌。主人常常爱恋它，更有家中女眷爱怜它。官宦将仁爱施之于人，豢养猫也同样施以仁爱。我辈人大多视猫作心爱之物，难道是大家的爱好都有偏颇吗？所以张大夫对别人赠与的猫精称号也不推辞，童夫人会因为狮猫的丢失而大张声势。（王朝清《雨窗杂录》）

猫苑

原文

卷上

雅趣小书

# 自 序

夫猫之生也，同一兽也，系人事而结世缘，视他兽有独异者。何欤？盖古有迎其神者，以有灵也。呼为仙者，以有清修也。蓄之于佛者，以有觉慧也。或以其猛则命之曰将，或以其德则予之以官，或以其有威制则推之为王。凡此皆猫之异数也。他或鬼而憎之，妖而怯之，精而畏之，抑亦猫之灵异不群，有以招致之？然而妖由人兴，于猫乎何尤？且有呼之为姑，呼之为兄，呼之为奴，又皆怜之喜之至也。若夫妲己之称，不更以其柔媚而可爱乎！至于公之、婆之、儿之，此又世俗所常称，更不足为猫异。

独异其禀性乖觉[①]，气机灵捷。治鼠之余，非屋角高鸣，即花阴闲卧，衔蝉扑蝶，幽戏堪娱，哺子狎群，天机自适。且于世无重坠之累，于事无牵率之惧，于物殖有守护之益，

---

【注释】

① 禀性乖觉：天性机灵。

---

135

于家人有依恋不舍之情，功显趣深，安得不令人爱之重之耶！以故穿柳裹盐，聘迎不苟①，铜铃金锁，雅饰可观，食有鲜鱼，眠有暖毯，士夫示纱幮之宠，闺人有怀袖之怜，而其享受所加，较之群兽为何如耶！然则猫之系结人事世缘，若有至亲切而不可离释者，方有若斯之嘉遇，此猫之所以视群兽有独异焉者。

呜呼！血肉之微，亦阴阳偏胜之气所钟，宜乎补裨物用，缔契名贤，贻光毛族多矣，庸非猫之荣幸乎哉！人莫不有好，我独爱吾猫；盖爱其有神之灵也，有仙之清修也，有佛之觉慧也；盖爱其有将之猛也，有官之德也，有王之威制也；且爱其无鬼、无妖、无精之可憎、可怯、可畏之实，而有为鬼、为妖、为精之虚名也；且爱其有姑、有兄、有奴、有妲己②之可怜、可喜、可媚之名，而无为姑、为兄、为奴、

---

【注释】

① 穿柳：也叫穿鱼。宋朝风俗，迎猫如纳妾，需下聘礼。以柳枝穿鱼或米饭裹盐，送给东家，以示郑重。

② 妲己：商朝纣王宠妃，妖媚动人，重私欲，个性残酷。与纣王淫乐于酒池肉林，后被周武王所杀。

为妲己之实相也；抑又爱其能为公、为婆、为儿之名实相副也。此余《猫苑》之所由作也。

岁咸丰壬子长至日，瓯滨逸客[1] 黄汉自序。

---
【注释】
---

① 逸客：高雅超逸之人。瓯：瓯江，位于浙江南部，流经永嘉。黄汉永嘉人，故有此号。

## 种类

夫兽类其繁乎，猫固兽中之一类也。然其种之杂出，又甚不同，以之尚论，必先因厥类而推暨其种，非特用资辨证，则亦多识夫鸟兽之名之一助也。辑种类。

鼠害苗而猫捕之，故字从苗。（《埤雅》）

猫有苗、茅二音，其名自呼。（《本草纲目》）

猫，狂狸之属①也。（《博雅》）

猫本狸属，故名狸奴。（《韵府》）

汉按：《说文》："猫，狸属。"狂狸，《广雅》作貌狸。

猫之为兽，其性属火，故善升喜戏，畏雨恶湿，又善惊，皆火义也。与虎同属于寅。或谓猫属丁火②，故尤灵于夜。（《物性纂异》）

———————————— 【注释】 ————————————

① 属：生物群分类系统上，"科"下有"属"，"属"下有"种"。

② 丁火：火的属性为阳，而丁火属性为阴，即外阳内阴。

汉按：猫虎气类颇同。《诗》云："有猫有虎"。故连类及之。或说类书载虎属寅得丙，猫属卯得丁，故虎禀纯阳之气，而猫则阴阳兼有也。于义亦通。

汉又按：古者猫狸并称，《韩非子》："将狸致鼠，将冰致蝇，必不可得。"[①]又："使鸡司夜，令狸执鼠，皆用其能。"[②]《庄子》："羊沟之鸡[③]，以狸膏涂头[④]，故斗胜人。"注："鸡畏狸膏。"又《说苑》："使骐骥捕鼠，不如百钱之狸。"又

------

【注释】

① 语出《吕氏春秋·功名》："以狸致鼠，以冰致蝇，虽工不能。"致：招引。比喻方法不当，劳而无果。

② 语出《韩非子·扬权》，意谓使用人才要像让公鸡报晓，狸猫捉老鼠那样各司其能。司夜：报时。

③ 羊沟之鸡：古代著名的斗鸡品种。羊沟亦作"阳沟"，出斗鸡的地方。语出《庄子·逸篇》："羊沟之鸡，三岁为株（魁梧伟岸之意），相者视之，非良鸡也，然而数以胜人者，以狸膏涂其头。"晋司马彪注："羊沟，斗鸡处；株：魁帅也。鸡畏狸膏。"

④ 以膏涂头：一说是为减少被啄痛苦，一说让其它的鸡闻到气味就畏惧。

《盐铁论》："鼠穷啮狸。"凡此皆是也。《抱朴子》："寅日山中称令长者，狸也。"[1] 是猫为狸类，与虎同属于寅，诸义悉合。

家猫为猫，野猫为狸。狸亦有数种，大小似狐，毛杂黄黑，有斑如猫，圆头大尾者，为猫狸，善窃鸡鸭。（《正字通》）

汉按：俗谓"阔口者为猫，尖嘴者为猫狸。"

一种灵猫，生南海山谷，壮如狸，自为牝牡，阴香如麝。（《本草纲目》）

---

【注释】

[1] 语出《抱朴子内篇》："山中寅日，有自称'虞吏'者，虎也。称'当路君'者，狼也。称'令长'者，老狸也。"道教认为知晓精怪的名字并且呼唤它，就可以避免精怪的伤害。

---

140

　　黄香铁待诏①（钊）曰："灵猫，见《肇庆志》，即《山海经》所谓"类"②也。自为牝牡，又名"不求人"，状如猫，而力甚猛，其性殊野。夏森圃观察③摄肇庆府篆时，市得其一，以《山海经》有食之不妒之说，命庖人烹之，以进其夫人。不欲食，乃送书房佐餐。余时课其公子读，食之，其味似猫肉。"

　　一种香猫，如狸，出大理府。文如金钱豹，此即《楚辞》所谓文狸，王逸称为神狸。④（《丹铅录》）

――――――――――――― 【注释】 ―――――――――――――

① 待诏：官名，本指以一技之长供奉于内廷的人。

② 语出《山海经》："有兽焉，其状如狸而有髦，其名曰类，自为牝牡，食者不妒。"髦：头发。类：一种兽名，雌雄同体。

③ 观察：明清时对道员的雅称。道员，尊称为道台大人。

④ 语出《楚辞·山鬼》："乘赤豹兮从文狸，辛夷车兮结桂旗。"东汉王逸《楚辞章句》注文狸为神狸。

《星禽真形图》：心月狐①，有牝牡两体。其神狸乎？（《本草集解》）

香狸有四外肾，其能自为牝牡。（《酉阳杂俎》）

汉按：《楚辞》之神狸，与《星禽图》之神狸，名实似乎不同，盖一指兽言，一指星精②言。其自为牝牡之说，则与《本草》所谓"灵猫"，《山海经》所谓"类"者，皆一物也。至于黑契丹，亦产香狸，文似土豹，粪溺皆香如麝，见刘郁《西域记》。此则与陆氏《八纮译史》所载"阰入多国之山狸，其形似麝，脐有肉囊，香满其中"者，似又非类中之同类尔，惟皆称狸不称猫。而《丹铅录》乃云香猫即神狸，其必有所据也。

_____ 【注释】 _____

① 心月狐：中国神话中的二十八宿之一。

② 星精：星宿的灵气。

一种玉面狸，人捕畜之，鼠皆贴伏不敢出。（《广雅》）

汉按：《闽记》："牛尾狸，一名玉面狸。"亦善捕鼠。而张孟仙刺史（应庚）曰："神狸、玉面狸，皆言狸而实非猫也。虽有野猫为狸之称，但野猫形近于猫，不过家与野之分耳。狸则长身似犬，大有不同，盖狐之属。"

一种名蒙贵，类猫而大，高足而结尾，捕鼠捷于猫。（《海语》）

一种虦猫①，盖似虎而浅毛者，《尔雅》称为虎窃毛②。

汉按：虦，《韵会》作㺝，音栈。《玉篇》云："猫也。"考《尔雅》，狻麑如虦猫，食虎豹③。

一种海狸，产登州岛上，猫头而鱼尾。（《登州府志》）

汉前在山东见一猫，头扁而尾歧，盖方琦广文④云此产皮岛中，名岛猫，或呼礁猫。其状极似登州海狸也。

────── 【注释】 ──────

① 虦（zhàn）猫：一种浅毛色的猫。

② 语出《尔雅·释兽》："虎窃毛谓之虦猫。"窃，据郭璞注，"浅也"。

③ 语出《尔雅·释兽》："狻麑，如猫，食虎豹。"狻麑：狮子。

④ 广文：明清时称儒学教官为广文。

一种三足猫，人家得此主富乐，故云"猫公三足，主翁富乐。"（《相畜余编》）

山阴诸缉山(熙)曰："电白县水东镇浙人杨姓，畜一猫而三足，后一足短软，不具其形。其眼一黄一白，俗呼日月眼。甚瘦小，声亦细，鼠闻声辄避。见狗即登其背，齕其耳，狗亦畏之。"

一种野猫花猫，宋安陆州尝以充贡，李时珍谓即虎狸、九节狸。（《本草纲目》）

汉按：《格物论》：九节狸，金眼长尾，黑质白章①，尾纹九节。《本草集解》谓似虎狸，而尾

———————【注释】———————

① 黑质白章：黑的底色上有白色花纹。质：底子。章：文采。

有黑白钱纹相间者，为九节狸。第此既有野猫花猫之称，自是猫属，则与《闽记》所称牛尾狸，亦名玉面狸者同。能祛鼠，似不得概指为狐狸也。又考李雨村《粤东笔记》："南粤猫狸，文多锦钱。"此与虎狸之尾钱纹相间者差同。

胡笛湾知醵（秉钧）云："南方有白面而尾似牛者，为牛尾狸[1]，亦曰玉面狸。专上树木食百果，冬月极肥，人多糟为珍品，大能醒酒。梅尧臣《宣州诗》：'沙水马蹄鳖，雪天牛尾狸。'"[2]

汉按：梁绍壬《秋雨庵随笔》云："蒸玉面狸以蜜，使不走膏。"

---

[注释]

---

[1] 牛尾狸猫：即果子狸，属于食肉目灵猫科，也叫花而狸、白鼻狗、花面棕榈猫。

[2] 该句意即：清炖马蹄鳖与红烧果子狸两道菜。

---

一种四耳猫，出四川简州，神于捕鼠，本州岁以充方物。（《西川通志》）

张孟仙刺史云："四耳者，耳中有耳也。州官每岁以之贡送寅僚，所费猫价不少。"

华润庭云："昔李松云中丞之女公子[1]爱猫，中丞守成都时，简州尝选佳猫数十头，并制小床榻及绣锦帷帐以献。孙平叔制军有女孙，亦爱猫，督闽浙时，台湾守令所献亦多美猫。"（润庭，名滋德，锡山人。）

裘子鹤参军（桢）云："以床榻绣锦帷帐处猫，此古今创格。张大夫之绿纱幮[2]，不得专美于前矣。"

---

[注释]

① 女公子：对他人女儿的尊称。

② 幮：古代一种似橱形的帐子。《南部新书》：连山张大夫抟，好养猫。以绿纱为帷，聚其内以为戏。或谓抟是猫精。

汉按：猫有绿纱幮，幸矣。不意后世复有绣锦帷褥之享也。第猫多畏寒，冬日，余尝制绵褓衣之，免使偎灶投床，不犹愈于纱幮锦褥者耶！

一种狮猫，形如狮子。（《老学庵笔记》）

张孟仙曰："狮猫，产西洋诸国，毛长身大，不善捕鼠。一种如兔，眼红耳长，尾短如刷，身高体肥，虽驯而笨。近粤中有一种无尾猫，亦来外洋，最善捕鼠，他处绝少见之，可谓绝品。不得概以洋猫而薄之也。"

张心田（炳）云："狮猫眼有一金一银者。余外祖胡公光林守镇江，尝畜雌雄一对，眼色皆同。余少住署中，亲见之。"汉按：金银眼又名阴阳眼。

汉按：狮猫，历朝宫禁卿相家多畜之。咸丰元年五月，太监白三喜，使侄白大，进宫取狮猫，另因他事，酿案奏办，见邸报。

一种飞猫，印第亚，其猫有肉翅，能飞。（《坤舆外记》）

汉按：李元《蠕范》亦载此，惟不指明西洋何国。考《八纮译史》并《汇雅》，天竺国及五印度，猫皆有肉翅，能飞，其即此欤？

一种紫猫，产西北口，视常猫为大，毛亦较长，而色紫，土人以其皮为裘，货于国中。（王朝清《雨窗杂录》）

汉按：今京师戏称紫猫为翰林[1]貂，盖翰林例穿貂，无力致者，皆代以紫猫，故有是称，颇雅驯也。

一种歧尾猫，产南澳，其尾卷，形若如意[2]头，呼为麒麟尾，亦呼如意尾，捕鼠极猛。

海阳陆章民（盛文）云："南澳地如虎形，产

---

【注释】

① 翰林：官名，指清代翰林院属官，如侍读学士、侍讲学士、侍读、侍讲、修撰、编修、检讨等。

② 如意：旧时民间用以搔痒的工具。长三尺许，前端作手指形。脊背有痒，手所不到，用以搔抓，可如人意，因而得名。

猫猛捷，惟忌见海水，谓能变性。携带内渡者，必藏闭船舱，方免此患。"

山阴丁南园（士莪）云："海阳县丰裕仓有猫，麒麟尾，善于治鼠，一仓赖焉。"

潮阳县文照堂自莲师，有小猫一只，尾梢屈如麒麟尾，纯黑色，惟喉间一点白毛如豆，腹下一片白毛如小镜，虽《相猫经》未有载名，可称喉珠腹镜也。（汉自记）

山阴孙赤文（定蕙）云："山阴西湾人家有一白猫，尾分九梢，梢有肉桩，皆极细。而各梢之毛，毵毵然 [①] 如狮子尾，人呼为九尾猫。"

## 形相

何物无形，何物无相，形相既具，优劣从分，况猫之优劣系于形相间者尤挚，故因言种类而继及之，取材者可从而类推焉。辑《形相》。

猫之相有十二要，皆出《相猫经》，兹备录之：

头面贵圆。《经》云："面长鸡种绝。"①

耳贵小贵薄②。《经》云："耳薄毛毡③不畏寒。"又云："耳小头圆尾又尖，胸膛无旋④值千钱。"

汉按：李元《蠕范》云："猫性畏寒，而不畏

---

【注释】

① 面圆有虎威，而长脸猫却往往会杀鸡抓鸟，品行不端，故有"面长鸡种绝"的说法。

② 耳朵小而薄的猫不怕寒凉。古人认为猫生性怕寒不怕暑，所以会对耐寒的猫另眼相看。而且素有"寒猫不捉鼠"的说法，古人养猫重在捕鼠，当然不会喜欢畏寒恋灶的猫。

③ 毡：兽毛踩压而成的厚片状制品。

④ 旋：聚生作旋涡状的旋毛。

暑。"《花镜》云:"猫初生者,以硫磺纳猪肠内,煮熟拌饭与饲,冬不畏寒,亦不恋灶。"

眼贵金银色,忌黑痕入眼,忌泪湿。[①]《经》云:"金眼夜明灯。"又云:"眼常带泪惹灾星。"又云:"乌龙入眼懒如蛇。"

汉按:《神相全编》:人相得猫眼,主近贵隐富。又按:乌龙入眼之猫,未必皆懒。余尝畜之,勤捷弥甚,惟患遭凶,盖恶纹犯忌故耳。

鼻贵平直,宜干,忌钩及高耸。《经》云:"面长鼻梁钩,鸡鸭一网收。"[②]又云:"鼻梁高耸断鸡种,一画横生面上凶。头尾攲斜[③]兼嘴秃(谓无须),食鸡食鸭卷如风。"

───────────────── 【注释】 ─────────────────

① 猫的眼睛夜视有光,金光银光才显得耀眼富贵,眼中若带有黑丝,就会显得不协调、不美观。古人认为此猫懒如蛇,未必尽然。而眼中多泪的猫,多半是身体欠佳,与主人的福祸怕是没有太多的关联。

② 鼻钩且高耸是野性未除的象征,所以有"面长鼻梁钩,鸡鸭一网收""鼻梁高耸断鸡种,一画横生面上凶"的说法。

③ 攲(qī)斜:歪斜不正。

　　须贵硬，不宜黑白兼色。①《经》云："须劲
虎威多。"又云："猫儿黑白须，屙尿满神炉②。"
　　腰贵短。③《经》云："腰长会过家。"

——————————【注释】——————————

① 猫的胡须除了美观外还是一种特殊感觉器官，猫须根部有极细的神
经，轻微的触碰也能被感知。至于猫胡须的颜色，似乎还没有不宜黑白
相间的依据，也许是古人以偏概全的结论。

② 神炉：取暖、做饭或冶炼用的设备。

③ 这里说腰肢贵短，下文又有"五长"猫，意见不一，仁者见仁，智者见智。

后脚贵高。①《经》云："尾小后脚高，金褐最威豪。"

爪贵藏，又贵油爪。②《经》云："爪露能翻瓦。"又云："油爪滑生光。"

陶文伯（炳文）云："猫行地，有爪痕者，名油爪，此为上品。"

尾贵长细尖，尾节贵短，又贵常摆。③《经》云："尾长节短多伶俐。"又云："尾大懒如蛇。"又云："坐立尾常摆，虽睡鼠亦亡。"

---

【注释】

① 后肢高挺是猫的生理结构特点之一，这与它善跑的习性相关。

② 猫的爪子一般都包裹在趾套里，稍用力爪子便会露出来。看重"油爪"，应该是看中爪子的尖锐有力。

③ 猫的尾巴是一个平衡器官，用以调整体位、配合身体其他部位完成某些动作，时刻保持身体的平衡。另外，猫的尾巴也能给猫增添许多娇媚和威武，所以《相猫经》说，"尾长节短多伶俐"，"坐立尾常摆，虽睡鼠亦亡"。

汉按：猫以尾掉风，截而短之，则不能掉矣，威状大损。今越①人养猫，故截短其尾，殊失本真。

遂安余文竹曰："《续博物志》云：'虎渡河，竖尾为帆。'则猫之以尾掉风一语，亦自有本。"

声贵喊。夫喊，猛之谓也。《经》云："眼带金光身要短，面要虎威声要喊。"

汉按：谚云好猫不做声，非谓无声。若一做声，则猛烈异常，甚有使鼠闻声惊堕者，此喊之足贵也。

猫口贵有坎②，九坎为上，七坎次之。《经》云：

------

【注释】

① 越：指东南沿海一带。

② 坎：嘴里上腭的棱形横纹。

"上腭生九坎，周年断鼠声。七坎捉三季，坎少养不成。"（并见《挥麈新谈》及《山堂肆考》。）

桐城姚百征先生[①]（龄庆）云："猫坎分阴阳，雄猫则九七五，奇数也。九为上，七次之，五为下。雌猫则八六四，偶数也。八为上，六次之，四为下。但四坎者绝少，故雌者每佳。而雄者多劣，皆五坎也。"此说发前人所未言，盖从格致[②]中来者，足以补《相猫经》之阙。

睡要蟠而圆，藏头而掉尾。《经》云："身屈神固，一枪自获。"

汉按：猫相具此十二要之外，又有所谓五长，

---

【注释】

① 先生：对文人学者的通称。

② 格致：格物致知的略语。指研究事物原理而获得知识。为中国古代认识论的重要命题之一。

名蛇相猫，亦良。盖头、尾、身、足、耳无一不长。若五者皆短，名五秃，能镇三五家，见《相猫经》。

王玥亭少尹（宝琛）初尉[①]平远时，寓中多鼠，于民家索得一猫捕之，鼠患一靖。猫甚灵驯恋旧，虽养于公寓，时返故主。旋迁往衙署，仍不忘原寓及故主之家，常复遍历，盖三处往来，鼠耗皆绝，所谓佳猫能镇三五家者，洵不诬已。

又按：粤人验猫法，惟提其耳而四脚与尾随即缩上者为优，否则庸劣。湘潭张博斋（以文）谓掷猫于墙壁，猫之四爪能坚握墙壁而不脱者，为最上品之猫。此又一验法也。

------ 【注释】 ------

① 尉（wèi）：古代官名，一般是武官，这里引申为做官。

# 毛色

　　猫之有毛色，犹人之有荣华，悦泽者翘举，憔悴者委靡，此固定理。然而美恶岐而贵贱判，否泰亦于是乎寓焉。夫有形相，斯有毛色，二者固相为表里也。[①] 辑《毛色》。

　　猫之毛色，以纯黄为上，纯白次之，纯黑又次之。其纯狸色，亦有佳者，皆贵乎色之纯也。[②] 驳色，以乌云盖雪为上，玳瑁斑次之，若狸而驳，斯为下矣。[③]（《相猫经》）

　　汉按：纯黄为金丝，宜母猫。纯黑为铁色，宜

---

【注释】

① 表里：事物的内部和外部。

② 狸色：背毛颜色通常是棕色或深棕色。身体为连接完整的鱼骨刺斑纹或豹点斑纹。

③ 玳瑁斑：似玳瑁的花斑。黄黑白三色相间，叫三色猫或者玳瑁猫。

公猫。①然黄者多牡，黑者多牝，故粤人云："金丝难得母，铁色难得公。"②

凡纯色，无论黄白黑，皆名"四时好"。（《相猫经》）

姚百征云："家③伯山（東之）宰揭阳日，于番舶购得一猫，洁白如雪，毛长寸许，粤人称为'孝猫'，蓄之不祥。后伯山升同知及知府，此猫俱在，无所谓不祥也。"

汉按：孝猫二字甚新。纯白猫，瓯人④呼为"雪猫"。

[注释]

① 金丝：指深黄或浅黄相间的黄狸花猫。铁色：全身黑色的猫。

② 牡：雄性的。牝：雌性的。

③ 家：对同姓的俗称。

④ 瓯：浙江省温州市的别称。

金丝褐色者尤佳，故云："金丝褐色最威豪。"（《相猫经》）

汉按：褐黄黑相兼，色褐而带金丝者，名金丝褐，诚所罕见。

楚州射阳猫，有褐花色者。灵武猫，有红叱拨[1]色及青骢[2]色者。（《酉阳杂俎》）

一种三色猫[3]，盖兼黄白黑，又名"玳瑁斑"。（《相猫经》）

"乌云盖雪"，必身背黑，而肚腿蹄爪皆白者方是。若仅止四蹄白者，名"踏雪寻梅"，其纯黄白爪者同。（《相猫经》）

---

【注释】

① 红叱拨：马名。唐天宝中，西域进汗血马六匹，分别以红、紫、青、黄、丁香、桃花叱拨为名。

② 青骢：指毛色青白相杂的骏马。

③ 身披有黑、红（橘）和白三种颜色的猫，一般为母猫。

　　纯白而尾独黑者，名"雪里拖枪"，最吉。故云："黑尾之猫通身白，人家畜之产豪杰。"通身黑，而尾尖一点白者，名"垂珠"。（《相猫经》）

　　纯白而尾独纯黑，额上一团黑色，此名"挂印拖枪"，又名"印星猫"。人家得此主贵，故云："白额过腰通到尾，正中一点是圆星。"（《相猫经》）

　　钜鹿令黄公（虎岩）有印星猫一对，常令人喜悦，惟不善捕鼠。然有此猫，则署中鼠耗肃清，官事亦顺吉，是即贵之验。（虎岩名炳，镇平人，道光间由副榜通籍。①）

　　陶文伯云："余家畜一白猫，其尾独黑，背上有一团黑色，额上则无，是可称'负印拖枪'也。肥大，重可七八斤，性灵而驯，每缚置案侧，偶肆叫跳，以竹梢鞭之，亟知趋避，或俯首贴伏。其常

----

【注释】

① 副榜：亦名备榜。科举考试时的附加榜示，于录取正卷外，另备取若干名。嘉靖中有乡试副榜，名在副榜者作贡生，称为副贡。通籍：谓朝中已有了名籍，指初作官。

时虽以杖惧之，略无怯色。"

纯乌白尾者亦稀，名"银枪拖铁瓶"。（《相猫经》）

黄香铁待诏云："《清异录》载唐琼花公主，自总角养二猫，雌雄各一，白者名衔花朵。而乌者惟白尾而已，公主呼为麝香骗妲己。"[1]

汉按：《表异录》亦载此，其一黑而白尾者，为银枪插铁瓶，呼为"昆仑妲己"[2]，其一白而嘴边有衔花纹，呼为"衔蝉奴"[3]，与《清异录》所载稍异。

通身白而有黄点者，名"绣虎"。身黑而有白

---

**〔注释〕**

[1] 骗（yú）：紫色的马。

[2] 昆仑：指称黑色或黑人。《晋书·孝武文李太后传》有云："时后（文李太后）为宫人，在织坊中，形长而色黑，宫人皆谓之昆仑。"因此琼花公主名其黑色爱猫曰"昆仑妲己"，应该看做是对黑猫的爱称。

[3] 白猫通体净素，唯上下唇间有杂毛，其状犹若口含秋蝉，故名。

点者，名"梅花豹"，又名"金钱梅花"。黄身白肚者，名"金被银床"。若通身白而尾独黄者，名"金簪插银瓶"。（《相猫经》）

诸绅山曰："阳江县太平墟客寓，有一纯白猫，而尾独黄，俗呼'金索挂银瓶'，重十余斤，捕鼠甚良，谓得此猫，家业日盛。"

通身或黑或白，背上一点黄毛，名"将军挂印"。（《相猫经》）

身上有花，四足及尾又俱花，谓之"缠得过"，亦佳。（《致富奇书》）

猫有拦截纹[1]，主威猛。有寿纹，则如八字，或如八卦，或如重弓、重山。无此纹，则懒阘无寿[2]。

【注释】

① 拦截纹：头顶下的横纹。

② 阘（tà）：小户，引申为卑下。

（《相畜余编》）

汉按：拦截纹者，顶下横纹也，主猫有威，犹虎之有乙也。

纯色猫带虎纹者，惟黄及狸，若紫色者绝少。紫色而带虎纹，更为贵品。（《相畜余编》）

吴云帆太守尝畜一猫，纯紫色，光彩夺目，长而肥大，重可十余斤，自是佳种。张冶园述。

猫有旋毛[1]，主凶折。故云："胸有旋毛，猫命不长。左旋犯狗，右旋水伤。通身有旋，凶折多殃。"（《相猫经》）

毛生屎窟，屙屎满屋，非佳猫也。（《相猫经》）

---

〔注释〕

[1] 旋毛：指呈旋转生长的毛。

汉按：珞璓子云："猫能掩屎，灵洁可喜，故好洁之猫，无不灵也。"

凡花猫其花朝口，主咬头牲。(《崇正朝谬通书》)

张孟仙曰："猫之色杂者为雌，纯者为雄，所谓玳瑁斑者，杂而雌也。雪里拖枪、乌云盖雪虽有二色，皆算纯色而为雄也。"此说亦新。夫毛色有生辄定，未有一岁之间两变其色者。余友诸缉山谓："阳江县深圯村孙姓盐丁[1]有纯白猫，冬至后渐长黑毛，交夏至则纯黑矣。过冬至复又黑白相间，次年夏至仍为纯白，是年年换色者也，可称瑞物，盖见造化赋物之奇，无乎不可。"

寿州余蓝卿（士英）云："余昔舟泊扬州，见一技者于通衢之市，周以布障，鸣锣伐鼓，招致观者。场东有猴驱狗为马，演诸杂剧；场西有猫高坐，

---

【注释】

[1] 古代盐户中承担盐役的丁壮，也称"灶丁"。

端拱①受群鼠朝拜，奔走趋跄，悉皆中节。猫则五色俱备，青、赤、白、黑、黄交错成纹，望之灿若云锦，问所由来，云自安南匪，特罕见，实亦罕闻。或曰此赝鼎②也，殆亦临安孙三染马缨之故智欤？"

汉按：毛色可伪至此，亦神乎其技矣。

【注释】

① 端拱：正身拱手。指恭敬有礼，庄重不苟。趋跄：指朝拜，进谒。中节：合乎礼义法度。

② 赝鼎：指仿造或伪托之物。《韩非子·说林下》："齐伐鲁，索谗鼎，鲁以其雁往，齐人曰：'雁也。'鲁人曰：'真也。'"临安孙三染马缨：北宋时临安城一个叫孙三的，用染马缨的办法把猫的颜色染成大红色，与妻子故弄玄虚，因而卖了好价钱。

灵异

物之灵蠢不一，灵者异而蠢者庸，于此可以见天禀也。若猫于群兽，其灵诚有独异。盖虽鲜乾坤全德之美，亦具阴阳偏胜之气，是故为国祀所不废，而于世用有攸裨也。辑《灵异》。

腊日迎猫，以食田鼠，谓迎猫之神而祭之。[①]（《礼记》）

唐祀典有祭五方之鳞羽赢毛介。[②]五方之猫、於菟及龙、麟、朱鸟、白虎、玄武，方别各用少牢一。[③]（《旧唐书》）

---

【注释】

① 古时腊月祭祀八种对农业生产有益的神灵，猫虎居第五位。

② 祀典：记载祭祀礼仪的典籍。鳞羽赢（luǒ）毛介：分别代称鱼、鸟、螺、兽、龟。

③ 於（wū）菟（tú）：老虎别称。少牢：祭祀时，最高级的祭品是太牢，用牛、羊、猪各一，是天子祭祀宗庙时所用的祭品；比太牢低一级的是少牢，即羊、猪各一，只有诸侯、卿大夫才能使用。古人将猫与先王、四灵同列，待之以卿侯之礼，可见猫的重要。

汉按：礼八蜡有猫虎、昆虫。后王肃分猫虎为二，无昆虫。张横渠以为然，见经疏。

仁和陈笙陔（振镛）曰："杭人祀猫儿神，称为'隆鼠将军'，每岁终，祭群神必皆列此。"

张衡斋（振钧）云："金华府城大街有'差猫亭'，本先朝军装局，相传有鼠患甚暴。朝廷差赐一猫，而鼠暴顿除，后立庙其地，称'灵应侯'。至今，里人奉为社神，呼为'差猫亭'云。"

猫眼定时，甚验。[①] 盖云："子午卯酉一条线，寅申巳亥枣核形，辰戌丑未圆如镜。"一作"寅申

---

[①] 猫的眼球瞳孔很大，而且瞳孔括约肌的收缩能力也特别强，瞳孔能随光线的强弱变化而收缩或扩大，光越强，瞳孔越小，反之亦然。由于猫具有极强的瞳孔收缩能力，使得它对光线的反映很灵敏，所以，在过强或过弱的光线下，依然能看清物体。

巳亥圆如镜，辰戌丑未如枣核"，余同。（皆见通书、选择书。①）

　　汉按：《酉阳杂俎》仅云："猫眼旦暮圆，至午竖成一线。"又按：初生猫，血气未足，瞬息无常，以之定时，仍属无验。

　　南番②白湖山，有番人畜一猫，后死，埋于山中。久之，猫见梦曰："我活矣，不信可掘观之。"及掘之，惟得二晴，坚滑如珠，验十二时无误。（《嫏嬛记》）

　　汉按：一种宝石，中含水痕一线，摇之似欲动者，横斜皆可视，名为猫儿眼。

【注释】

① 通书：民间日用书籍。选择书：占卜择吉之类的书籍。

② 番：称外国的或外族的。

黄香铁待诏云："真腊国主指展上，皆嵌猫儿眼睛石。①"

汉又按：《八纮译史》："默德那即古回回祖国，产猫睛，大小按时。②"据此，则是活宝石也。又："锡兰国海山上，出宝石猫睛，碧者名瑟瑟，红者名鞣鞨。③"而《八纮译史》又载，伯西尔国④人少之时，凿颐及下唇作孔，以猫睛、夜光诸宝石嵌之为美。又真腊国王，手足皆戴金镯，嵌以猫睛，是非仅指展上嵌之而已。

《秦淮闻见录》："饰有瑶钗宝珥，火齐猫睛。"

---

【注释】

① 真腊：又名占腊，是中国古代史书对中南半岛吉蔑王国的称呼，其境在今柬埔寨境内。

② 默德那：即回回祖国，位于今沙特阿拉伯的麦地那。

③ 锡兰国：今斯里兰卡。瑟瑟：碧色宝石。鞣鞨（mòhé）：红色宝石，因红玛瑙产于鞣鞨，故称。

④ 伯西尔国：即巴悉国，即今巴西。

盖述妓人华饰也[1]。

猫鼻端常冷，惟夏至一日暖，盖阴类也。（《酉阳杂俎》）

猫于黑暗中，逆循其毛，能出火星者为异，并不生蚤虱。（同上）

猫洗面过耳，主有宾客至。（同上）

汉按：瓯谚，猫洗面，日有次度者，谓随潮水长落。

───────── 【注释】 ─────────

① 瑶钗：玉钗。宝珥：珠玉耳饰。火齐：琉璃的别名。妓人：歌舞女艺人。

牝猫无牡交，但以竹帚扫背数次则孕。又一法，用木斗覆猫于灶前，以帚击斗，祝灶神而求之，亦有胎。（《本草纲目》）

黄香铁待诏云："山东、河北人谓牝猫为女猫。《隋书·独孤陀传》：'猫女向来无住宫中。'是隋时已有此语。见顾亭林《日知录》。"

猫孕两月而生。（《本草纲目》）

汉按：猫成胎有三月而产，名奇窝。四月而产，名偶窝。养至一纪为上寿，八年为中寿，四年为下寿，一二年者为夭。浙中以单胎者为贵，双胎者贱，一胎四子名抬轿猫，贱而无用。若四子毙其一二，则所存者亦佳，名为返贵。见王朝清《雨窗杂录》。

华润庭云："猫胎以少为贵，故有一龙二虎之说。"又云："猫以腊产为佳，初夏者名早蚕猫[1]，

------

【注释】

------

[1] 蚕猫：一种泥塑猫。蚕室放置蚕猫，为旧时汉族的一种蚕业生产风俗，流行于浙江杭嘉湖地区。因吴地农家多养蚕，老鼠食蚕，但蚕房不能养猫、堵洞，所以放置彩绘的蚕猫以吓唬老鼠。

亦善。秋季次之。夏为劣，以其不耐寒，冬必向火，名煨灶猫。"

汉按：猫煨火皮瘁，硫磺纳猪肠中，煮熟喂之，愈。见《致富奇书》。

陶文伯云："猫怀胎，血气不足者，往往亦成小产①，是人兽有同然者。"

钮华亭少尹（光存）云："虎一生不再交，以虎阳有逆刺也，其痛楚在初。猫一岁仅再交，以猫阳有顺刺也，其痛楚在终。余畜之阳无刺，无所痛楚，故其交无度。"

汉按：此说故老相传，甚近理，足为格致之助。②

---

【注释】

---

① 气血：中医学名词，指人体内的气和血。中医学认为气与血各有其不同作用而又相互依存，以营养脏器组织，维持生命活动。小产：流产的通称，谓怀孕未足月而胎儿堕出。

② 格致："格物致知"的略语。

大抵猫之交，常于春秋二季，其头交时，则牝牡相呼，虽远必寻声而至，俗谓之叫春。

张衡斋云："凡猫交，必春猫遇春猫，冬猫遇冬猫，始交。夏秋之猫亦然。否则，虽强之，不合也。"此说未经人道，想亦气类相求故耳。

猫初生，见寅肖人，而自食其子。[①]（《黄氏日抄》）

汉按：猫产子，目未瞬者，子肖人见之，则食子。或曰生于子日，见子肖人则食子，与黄氏之说异。

猫食鼠，上旬食头，中旬食腹，下旬食足，与虎同。阴类之相符如此。（李元《蠕范》）

───────── 【注释】 ─────────

① 正常情况下猫不吃幼崽，一种情况是个别母猫由于营养不足，小猫数量多，因而吃去几个小猫，而保证了母猫的健康及一部分小猫的生长。还有一种情况是母猫警惕性很高，生产时，被人看了，它便将小猫衔着东躲西藏，结果小猫被它衔死了，于是就把小猫尸体吃掉。

汉按：一说，食旬各有所先，月初先头，月中先腹，月尾先腿脚。食有余者，小尽月也。①

华润庭曰："猫食鼠分三旬，亦有捕鼠无算，绝不一食者，其种之最良欤。"又曰："猫食鼠或于衣物茵席之上，勿惊驱之，听其食毕，自无痕迹。若逼视之，则血污狼籍矣。或谓当食时视之，则齿软，以后不复能啮鼠。"

常州张槐亭（集）云："猫一名家虎，鼠一名家鹿，猫之食鼠尚矣。惟是豺祭兽②时，不知鹿在其中否也。"

北人谓猫过扬子江、金山③，则不捕鼠。厌者

---

【注释】

① 小尽月：阴历月分大月、小月，大月三十天，叫"大尽月"，小月二十九天，叫"小尽月"。

② 豺祭兽：即祭祀兽神，希望狩猎打到更多禽兽，并得到兽神的原谅而不遭到惩罚。

③ 扬子江：长江。金山：在江苏镇江。

猫
苑

剪纸猫投水中，则不忌。(《酉阳杂俎》)

汉按：《渊鉴类函》云："昔韩克赞尝于汝宁带回一猫，过江果不捕鼠。"

丰顺丁雨生茂才（日昌）云："物各有所喜，如诗传马喜风，犬喜雪，豕喜雨。而猫独喜月。故月夜常登屋背，盖与狐狸同性也。"

猫喜与蛇戏，或谓此水火相因之义。以猫属阴火，而螣蛇水畜而火属也。[①]（王朝清《雨窗杂录》）

汉按：猫并喜自戏其尾，故北人有"猫儿戏尾巴"之谚。

【注释】

① 螣（téng）蛇：传说中一种能飞的蛇。

山阴张冶园（锜）曰："猫与蛇斗，俗称龙虎斗。尝见猫蛇斗于屋背，蛇败，穿瓦罅下遁。适屋下人遇之，以锄挥为两段，上段飞去，已而结成翻唇肉疤，大如碟。一日，断蛇者昼卧于床，蛇穿其帐顶，欲下啮之，因肉疤格搁，猫适见之，登床猛喊，其人惊醒，见蛇，惧而避之，幸未遭噬。人谓蛇知报冤，猫知卫主。"

　　猫解媚人，故好之者多，猫固狐类也。（彭左海《燃青阁小简》）

　　汉按：越俗谓猫为妓女所变，故善媚，其说未免附会。

　　俗传"猫为虎舅"，言虎事事肖猫。（梁绍壬《秋雨庵笔记》）

　　汉按：虎凡肖猫，独耳小颈粗不同。然宋何尊师尝谓猫似虎，独耳大眼黄不同。世俗又称猫为虎师。（相传笑话，谓虎美猫灵捷，愿师事之。未几，件件肖焉，而独不能上树、与夫转颈视物。虎乃以是咎猫，猫曰："尔工噬同类，我能无畏？留斯二者，正为自全地耳！若尽以传尔，他日，其能免于尔口哉!"）

猫照镜，慧者能认形发声，劣猫则否。（《丁兰石尺牍》）

久晴，猫忽非时饮水，主天将雨。（瓯谚）

猫能饮酒，故李纯甫有《猫饮酒》诗。（《古今诗话》）

汉按：猫饮酒，余尝试之，果尔。但不可骤饮以杯，须蘸抹其嘴，猫舔有滋味，则不惊逸，然十余巡后，辄觉醺醺如也。今之猫又能食烟。陈寅东巡尹曰："有张小涓者，为浙中县尉，尝侨寓温州。有猫数头，惯登烟榻。小涓常含烟喷之，猫皆能以鼻迎嗅，久之，形状如醉。每见开灯辄来，敛具则去，于是人皆谓张小涓猫亦有烟癖，闻者莫不粲然[1]。"然则猫于烟酒乃有兼嗜焉，亦可笑也。

　　马鞭坚韧，以击猫，则随手折裂。（《范蜀公记事》）

　　猫死，不埋于土，悬于树上。[2]（《埤雅》）

　　猫死，瘗于园，可以引竹。（李元《蠕范》）

　　独孤陀外祖母高氏，事猫鬼[3]，以子日之夜祭之。子，鼠也。猫鬼每杀人取财物，潜归祀者家。鬼将降，其人则面正青，若被牵拽然。陀后败，免死。（《北史》）

　　隋大业之际，猫鬼事起，家养老猫，为厌魅，

----

① 粲然：笑的样子。

② 闽南台湾等地一直流传着"死猫挂树上，死狗弃水流"的说法，一是说猫和老虎相互学艺，后出现矛盾，为避开老虎攻击，猫便躲在树上，死也不下来。

③ 猫鬼：古代行巫术者畜养的猫。谓有鬼物附着其身，可以咒语驱使害人。

颇有神灵。递相诬告，郡邑被诛者数千余家，蜀王秀皆坐之。（《朝野金载》）

燕真人丹成，鸡犬俱升，独猫不去。人尝见之，就洞呼仙哥，则闻有应者。（《山川记异》）

嘉兴蒋稻香先生（田）有黄蜡石①，酷肖猫形。家香铁待诏题之为"洞仙哥"，洵属雅切。

司徒马燧家猫生子，同日。其一母死，有二子。其一母走而若救，为衔置其栖，并乳之。（韩昌黎《猫相乳说》）

左军使严遵美，阉宦中仁人也。尝一日发狂，手足舞蹈。旁有一猫一犬，猫忽谓犬曰："军容改常矣，癫发也。"犬曰："莫管他。"俄而舞定，自惊自笑，且异猫犬之言。遇昭宗播迁，乃求致仕。（《北梦琐言》）

----

【注释】

① 黄蜡石：又名龙王玉，因石表层内蜡状质感色感而得名。（一说此石原产真腊国，故称腊石。）

　　蜀王嬖臣唐道袭家，所畜猫，会大雨，戏檐下，稍稍而长，俄而前足及檐。忽雷电大至，化为龙而去。（《稽神录》）

　　成自虚，雪夜于东阳驿寺，遇苗介立，吟诗曰："为惭食肉主恩深，日晏蟠蜿卧锦衾。且学智人知白黑，那将好爵动吾心。"次日视之，乃一大驳猫也。（《渊鉴类函》）

　　汉按：唐进士王洙，《东阳夜怪录》云："彭城秀才成自虚，字致本，元和九年十一月九日，到渭阳县，是夜风雪，投宿僧寺，与僧及数人因雪谈诗。病僧智高，为病橐驼①也。前河阴转运巡官左骁卫胄曹长，名卢倚马者，为驴也②。又有敬去文者，

【注释】

① 橐驼：骆驼。

② 卢倚马：马旁白一个卢字为"驴"。

为狗也。① 有名锐金姓奚者，为鸡也②。有桃林客③，
轻车将军朱中正者，为牛也④。胃藏瓠，即刺猬也。"
义议苗介立云："蠢兹为人，甚有爪距，颇闻洁廉，
善主仓库，惟其蜡姑之丑，难以掩于物论。"苗介
立曰："予斗伯比之胄下，得姓于楚，自皇茹分族，

───────── 【注释】 ─────────

① 敬去文："敬"去掉反文旁就是"苟"，音"狗"。

② 奚锐金：奚是鸡（鷄）的繁体字的左边部分。

③ 《尚书》有云："放牛于桃林之野。"

④ 朱中正：取朱字中间的部分为"牛"。

则祀典配享<sup>①</sup>，著于《礼》经者<sup>②</sup>也。"

苏子由曾试黄白之法，既举火，见一大猫，据炉而溺，叱之不见，丹终不成。（《说铃》）

汉按：许遂有幻术，为人烧丹，每至四十九日将成，必有犬逐猫，触其炉破。见宋张君房《乘异记》。余谓两丹之坏，各有所由，惟同出于猫，亦异矣。

杭州城东真如寺，弘治间，有僧曰景福，畜一猫，日久驯熟。每出诵经，则以锁匙付之于猫。回时，击门呼其猫，猫辄含匙出洞。若他人击门，无

--------

【注释】

① 伯棼：一名斗越椒，原为斗姓，是若敖氏后代，也就是斗伯比的后代。在楚国的"若敖之乱"中，伯棼的儿子贲皇逃到了晋国，受封食邑于苗，因而以地为姓氏，成为苗姓始祖。

② 指《礼记·郊特牲》篇中的"八蜡"，"八蜡"祭的是八种对农事有益的神灵，第五种是祭猫虎。

声，或声非其僧，猫终不应之，此亦足异也。（《七修类稿》）

金华猫，畜之三年后，每于中宵，蹲踞屋上，伸口对月，吸其精华，久而成怪。每出魅人，逢妇则变美男，逢男则变美女。每至人家，先溺于水中，人饮之，则莫见其形。凡遇怪来，宿夜以青衣覆被上，迟明视之，若有毛，则潜约猎徒，牵数犬至家捕猫，炙其肉以食病者，自愈。若男病而获雄，女病而获雌，则不治矣。府庠张广文有女，年十八，为怪所侵，发尽落，后捕雄猫治之，疾始疗。（《坚瓠集》）

靖江张氏泥沟中，时有黑气如蛇上冲，天地晦冥，有绿眼人乘黑淫其婢。因广访符术道士治之，不验。乃走求张天师。旋见黑云四起，道士喜曰："此妖已为雷诛矣！"张归家视之，屋角震死一猫，大如驴。（《子不语》）

郭太安人家畜一猫，甚灵，婢见必挞之，猫畏婢殆甚。一日有馈梨，属婢收藏，既而数之，少六枚，主人疑婢偷食，鞭笞之。俄从灶下灰仓中觅得，刚六枚，各有猫爪痕，知为猫所偷，报婢之怨。婢忿欲置猫死地，郭太安人曰："猫既晓报怨，自有灵异，苟置之死，冤必增剧，恐复为祟。"婢乃恍然，自是辄不再挞猫，而猫亦不复畏婢矣。（《阅微草堂笔记》）

某公子为笔帖式[①]，爱猫，常畜十余只。一日，夫人呼婢不应，忽窗外有代唤者，声甚异，公子出视，寂无人，惟一狸奴踞窗上，回视公子有笑容。骇告众人同视，戏问："适间唤人者，其汝耶？"猫曰："然。"众乃大哗，以为不祥，谋弃之。（《夜谭随录》）

---

【注释】

① 笔帖式：清代于各衙署设置的低级文官。

永野亭黄门，言一亲戚家，猫忽有作人言者，大骇，缚而挞之。求其故，猫曰：“无有不能言者，但犯忌，故不敢耳。若牝猫，则未有能言者。”因再缚牡猫挞之，果亦作人言求免，其家始信而纵之。（同上）

护军参军舒某，善讴歌。一日，户外忽有赓歌，清妙合拍。潜出窥伺，则猫也。舒惊呼其友同观，并投以石，其猫一跃而逝。（同上）

汉按：猫作人言，初见于严遵美一节。笔帖式猫代为唤人，无甚不祥。若永黄门所述，牡猫皆能言，牝猫则否，此则为异耳。然不当言者而为言，则其被挞被弃也亦宜。此与《太平广记》所载猫言“莫如此！莫如此！”大抵皆寓言尔。至于猫学讴歌，则不啻虱知读赋，诚为别开生面。

蒋稻香（田）云：“阳春县修衙署，刚筑墙。

一日，其匠未饭，有猫来，窃食其饭并羹，匠人愤极，旋捉得此猫，活筑墙腹以死。工竣后，衙内人皆不安，下人小口，率多病亡。因就巫家占之。云：'此猫鬼为祟，在某方墙内。'于是拆墙，果得死猫。遂用巫者言，奠以香锭，远葬荒野，自是一署泰然。此道光十六年事，余时在幕，亲见之。"

又云："湖南有猫山，相传昔有猫成精，族类甚繁，其子孙皆若知事。凡猫死，悉自葬此山，其冢累累然，不可计数。山出竹，名猫竹，甚丰美。其无猫葬处，则无之。猫竹之名，本此。作'毛'、'茅'皆非。"

汉按：瘗死猫于竹地，竹自盛生，并能远引竹至，据此，则《本草》① 载之不诬也。《洴澼百金方》有猫竹军器，亦不作"毛"。

孙赤文云："道光丙午夏秋间，浙中杭绍宁台一带，传有鬼祟，称为三脚猫者。每傍晚，有腥风一阵，辄觉有物入人家室以魅人，举国皇然，于是各家悬锣钲② 于室，每伺风至，奋力鸣击，鬼物畏锣声，辄遁去。如是者数月始绝，是亦物妖也。"

会稽陶蓉轩先生（汝镇）云："猫为灵洁之兽，与牛、驴、猪、犬迥异，故为贵贱所同珍。且古来奸

---

[注释]

① 语出《本草纲目》："世传薄荷醉猫，死猫引竹，物类相感然耳。"

② 锣钲（zhēng）：两者都为古代铜制的打击乐器。锣为圆盘形，钲形似狭长的钟，口向上，下有长柄可以执握。

邪之人，其转世堕落①为牛、为马、为犬、为猪，如白起、曹瞒、李林甫、秦桧之辈，不一而足②，未闻有转生而为猫者。可见仙洞灵物，不与凡畜侪③矣。"

刘月农巡尹（荫棠）云："番禺县属之沙湾茭塘界上，有老鼠山，其地向为盗薮。前督李制府（瑚）患之，于山顶铸大铁猫以镇之。猫则张口撑爪，形制高巨。予曾缉捕至此，亲登以观。而游人往往以食物巾扇等投入猫口，谓果其腹，不知何故。"

胡笛湾知醴云："天津船厂有铁猫将军，传系前朝所遗战船上铁猫。厂中废猫甚多，此独高大。

---

【注释】

① 堕落：佛教、道教指失道心而陷于恶道恶事。

② 不一而足：指同类的事物不只一个而是很多，无法列举齐全。

③ 侪（chái）：等辈，同类的人们。

因年久为祟，故有奉敕封号。每年例由天津道<sup>①</sup>躬诣<sup>②</sup>祭祀一次，至今犹奉行不替。"

余蓝卿云："金陵城北铁猫场，有铁猫，长四尺许，横卧水泊中，古色斑斓，不知何代物。相传抚弄之则得子，中秋<sup>③</sup>夕士女如云，咸集于此。"

僧道宏，每往人家画猫，则无鼠。（邓椿《画继》）

虎啖人，于前半月则起于上身，下半月则起于下身，与猫咬鼠同也。（《七修类稿》）

狸处堂而众鼠散。（《吕氏春秋》）

汉按：此狸即指猫也，与《韩非子》等书所载同。

---

【注释】

① 道：清代在省与府之间设分巡道，简称道。天津道于清初沿明制设置，驻天津卫(天津府)。

② 诣（yì）：到，旧时特指到尊长那里去。

③ 中秋：指秋季的第二个月。

　　平阳灵鹫寺①僧妙智畜一猫，每遇讲经，辄于座下②伏听。一日猫死，僧为瘗之，忽生莲花，众发之，花自猫口中出。（《瓯江逸志》）

　　六畜③有马而无猫。然马乃北方兽，南中安得家蓄而户养之？退马而进猫，方为不偏，毛西河曾有此说。后之硕儒，苟能立议告改《礼》经，自是

------

【注释】

① 灵鹫寺，疑即灵鹫讲院。平阳有灵鹫讲院，宋重和间建，清乾隆时曾重修。

② 座下：莲座之下。

③ 六畜：指马、牛、羊、鸡、狗、猪。

不刊之典①。（淳安周上治《青苔园外集》）

汉按：昔年杨蔚亭广文，与太平戚鹤泉进士，尝论及此，谓马为北产，力任耕战，故列六畜之首。论功用之宏，马为宜。论功用之溥，猫为正。《礼》经纂自北人，盖初不理会马之产惟北，而猫之产遍寰宇也。此说甚平允。（蔚亭名炳，平阳人。）

张暄亭参军（德和）云："猫与蛇交，则产狸猫，故斑文如蛇也。"谓此说于权黄冈同守时，得之民间。噫！岂其然乎？然交非其类，禽兽往往有之。姑存其说，俟质博雅。（汉自记）

姑苏陈爰琴（本恭）云："虎骨辟兽，猫皮辟鼠，獭皮辟鱼，鹰羽辟鸟，以其本性尚存也。然必

[注释]

① 不刊之典：指不容变更和删改的法规、典章或经典著作。

原体方验，若骨煮、皮鞥<sup>①</sup>、羽熏则不然。"

桐城刘少涂（继）云："道光丙午春，余家所蓄老麻猫<sup>②</sup>生一子，白色，长毛毸毸，形如狮子。友人方存之云：'此异种也，不可易得。'养之年余，日夕在旁，鼠耗寂然。一日天未明，猫忽至余床上，大吼数声而去，已而死焉。庸猫得奇子，灵异如此而不寿，惜哉！"

汉按：徽州班戏曲有猫儿歌，亦称数猫歌，盖急口令之类。猫之嘴尾数虽只一，而其耳与腿则二四递加，数至六七猫，口齿迫沓，鲜有不乱，盖急则难于计算耳。倪翁豫甫（楸桐）云：京师伎人，有名八角鼓者，唇舌轻快，尤善于此歌。虽数至十

---

【注释】

① 鞥（ruǎn）：鞣皮，柔软。

② 麻猫：狸花猫别称。

余猫，而愈急愈清朗，是精乎其伎者也。"（猫歌大略，如："一只猫儿一张嘴，两个耳朵一条尾，四条腿子往前奔，奔到前村。两只猫儿两张嘴，四个耳朵两条尾，八条腿子往前奔，奔到前村。"下皆仿此，惟耳腿之数以次递加尔。）

倪豫甫又云："河东孝子王燧家，猫犬互乳其子，言之州县，遂蒙旌表①。讯之，乃是猫犬同时产子，取其子互置窠中，饮其乳，惯，遂以为常。此见《智囊补》，列于'伪孝'条。想当时必以孝感蒙旌。然则物类灵异处，亦有可伪托者。一笑。"（豫甫，浙之萧山人）

------

【注释】

① 旌表：表彰，后多指官府为忠孝节义的人立牌坊赐匾额，以示表彰。

刘月农云：“前朝太后之猫，能解念经，因得‘佛奴’之号。余谓猫睡声喃喃，似念经，非真解念经也。然而因此受太后圣宠，而得‘佛奴’之懿号[1]，庸非猫之异数也欤？”（汉记）

谢小东（学安）云：“俗称‘猫认屋，犬认人’，屋瓦鳞比[2]，虽隔数百家，猫能觅路而归，然不能识主人于里门之外。犬之随人，乃可以于百里也。何物性不同如此？”（小东，萧山人。）

萧山沈心泉（原洪）云：“猫为世所必需，而到处船家皆蓄犬，而少蓄猫。何欤？岂以其惯于陆，不惯于水耶？是必有由。”

---

【注释】

① 懿（yì）号：太后赐予的称号。懿：皇后或太后的诏令。

② 房屋鳞比：形容房屋密布且排列整齐。中国传统建筑以瓦片覆盖屋顶，故亦以屋瓦借指屋顶。鳞次：像鱼鳞一样排列密布整齐。

汉按：猫为火兽，甚不宜于水。犬为土兽，见水不畏，而亦能博鼠，故船家多蓄犬而少蓄猫。

又按：周藕农《杂说》云："猫忌咸，而东海之猫饮不离盐；猫畏寒，而西藏之猫卧不离冰，由其习惯成自然。今猫见波涛而惊，诚惯于陆，不惯于水也。

倪豫甫云："湖南益阳县多鼠，而不蓄猫，咸谓署中有鼠王，不轻出，出则不利于官，故非特不蓄猫，且日给官粮饲之。道光癸卯，云南进士王君森林令斯邑，邀余偕往。余居之院甚宏敞，草木蓊翳①，每至午后，鼠自墙隙中出，或戏或斗，不可

―――――――― 【注释】 ――――――――

① 蓊翳（wěng yì）：草木茂盛的样子。

胜计。习见之，而不以为怪也。一日，有大猫由屋檐下，伺而捕其巨者，相持许久，鼠力屈而毙。自此猫利其有获而日至焉。乃积旬而鼠无一出者，后竟寂然。噫！猫性虽灵，其奈鼠之黠何。然余在署三年，衣物从未被啮，鼠或知豢养之恩，不敢毁伤，且人无机械，物亦安之尔。"

汉按：有此一惩，积害以除，不可谓非猫之功也。但不知鼠耗寂然之后，其日给官粮可以免否？谚云："籴谷供老鼠，买静求安。"[①] 是亦时世之一变，可叹也夫。

---
[注释]
---

① 比喻买粮食喂鼠，想求得安静。比喻凡事一味地妥协忍让，不一定就能得安宁。籴（dí）：买进。

镇平黄仲方文学（瑨元）云："呼咮咮[1]，则鸡来。见《说文》。呼卢卢，则狗来。见《演繁露》。此声气应求[2]也。猫则呼苗苗即来，作汁汁亦来。白珽《湛渊静语》，所谓唇音汁汁，可以致猫，声类鼠也。此乃物类相感[3]也。说见翟灏《通俗编》。"

仲方又云："俗谓猫为虎舅，教虎百为，惟不教之上树。此见陆剑南诗集自注，梁绍壬《秋雨庵随笔》引之，不载出处，盖未之考耳。"

汉按：秋雨庵此节已采入兹篇，今家仲方为指明出处，以见此等俗语其来已久，益信而有征也[4]。

---

【注释】

① 咮咮（zhōu）：呼鸡的声音。

② 声气应求："同声相应，同气相求"的省说，喻相互间志趣相投，投合到一起。

③ 物类相感：同类之物互相感应，如水就湿，火就燥等。

④ 信而有征：真实可靠而且有证据。征：征验，证据。

仲方又云："《游览志余》载，杭俗言人举止仓皇，为鼠张猫势①。以鼠见猫即窜逸，猫势于是益张耳。此语可对'狐假虎威'。"

家猫失养，则成野猫。野猫不死，久而能成精怪。（先大父醇菴公述。）

丁雨生云："惠潮道署多野猫，夜深辄出，双目有光熠熠，望之如萤火。盖系失主之猫，吸月饮露，久渐成精，故上下墙屋，矫捷如飞。夏月海鹭来时，能上树捕食。园中所蓄孔雀，曾被啮毙，自此野猫辄不复来。或谓孔雀血最毒，猫殆饮此，或致戕生。噫！择肥而噬，竟以自毙。愚哉！"

鄞县周缓斋（厚躬）云："猫能拜月成妖，故

① 俗语"鼠张猫势"，比喻在强者面前示弱，会增强强者的气势。

雅趣小书

◆

俗云：'猫喜月。'但鄞人养猫，一见拜月即杀之，恐其成妖魔人。其魔人无殊狐精，盖雄者能化男，雌者能化女。"

◆

又云："雄猫化男，亦能魔男。雌猫化女，亦能魔女。盖不在于交合，而在于吸精。犯之者通名邪病，十有九死。鄞人有孀妇，一日，忽然自言自笑，柔媚异常，已而形神肌肉顿时消削。诘之，则云遇猫妖吸阴，一时神志昏迷，精气被吸，遂觉疲殆，有不可支。"

汉按：狐妖吸精。用桐油①遍涂其阴，狐来用舌舔吸，无不大呕而去，遂不再来，惟宜秘密方验，

───────【注释】───────

① 桐油：油桐果实榨出的油，有毒。

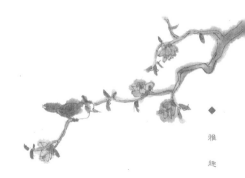

见龚氏《寿世保元》。余谓用此以治猫妖，其效必同。

丁雨生云："安南有猫将军庙，其神猫首人身，甚著灵异。中国人往者，必祈祷，决休咎。"或云："猫即毛字之讹，前明毛尚书曾平安南，故有此庙。"果尔，是又伍紫须、杜十姨①之故辙矣，可博一噱。揭阳陈升三登榜②述。

申甫，云南人，任侠，有口辨。为童子时，尝系鼠婴①于途，有道人过之，教甫为戏。遂命拾道旁瓦石，四布于地，投鼠其中，奔突不能出。已而诱猫至，猫欲取鼠，亦讫不能入。猫鼠相拒者良久。道人耳语甫曰："此所谓八阵图也，童子亦欲学之乎？"节录《申甫传》。（《汪尧峰文钞》）

汉按：申甫即明季刘公之纶、金公正希所荐以剿寇而败亡者。又按：俗有取粗线织成圆网，用以罩鼠，四方上下，面面皆圈，鼠入其中，冲突触系，终不能出，名为八阵圈，亦名天罗地网。

嘉应黄薰仁孝廉②（仲安）云："州民张七，精于相猫。尝蓄雌猫数头，每生小猫，人争买之，

【注释】

① 婴（yí）：喜悦，此指游戏。

② 孝廉：明清两代对举人的称呼。

皆不惜钱，知其种佳也。恒言黑猫须青眼，黄猫须赤眼，花白猫须白眼。若眼底老裂有冰纹者，威严必重，盖其神定耳。又言猫重颈骨，若宽至三指者，捕鼠不倦，而且长寿。其眼有青光，爪有腥气，尤为良兽。"

薰仁又云："张七尝携一雏猫来售，索价颇昂，云此非凡种，乃蛇交而生者。因详述其目击蛇交之由，并指猫身花纹与常猫亦微有别。验之不诬。"

汉按：据此说，则张暄亭参军所云猫与蛇交一节，似可信也。

薰仁又云："年前余得一猫金银眼者，花纹杂

出，貌虽恶而性驯，善于捕鼠，进门未几，鼠遂绝迹，因呼之曰'斑奴'。惜养未半年，遽死焉，盖因久缚故耳。佳猫多惧其逸，与其缚而损其筋骨，何如用大笼笼之耶？"

嘉应钟子贞茂才云："州人有梁某，尝得一猫，头大于身，状甚奇怪，眼有光芒，与凡猫迥异。初莫辨其优劣，厥后不惟善捕鼠，而主家亦渐小康[1]，珍爱而勿与人。有过客见之，饵以重价，始售之。梁因问猫之所以佳处，客曰：'此猫自入门后，君家必事事如意，盖此猫舌心有笔纹故耳。其纹向外者主贵，向内者主富。今予得此，可无忧贫。'启口验之，果然，梁悔之不及。"

汉按：笔纹猫实所罕闻，且能富贵人，真兽中之宝也，惜乎不可多得。

猫性不等，有雄桀不驯者，有和柔善媚者，有

【注释】

[1] 小康：家庭稍有资财，可以安然度日。

散逸喜走者，有依守不离者。大抵雄猫未阉，及大猫初至，难于笼络，故蓄猫必以小、必以雌也。妙果寺僧悟一，尝谓猫之喃喃依恋，不离莲座者，为兜率猫[1]，又为归佛猫。（汉记）

瓯中谓人性暴戾曰猫性，视轻性命曰猫命，故常有"这猫性不好"及"这条猫命"之谚也。（汉记）

山阴童二树，善画墨猫，凡画于端午午时者，皆可辟鼠，然不轻画也。余友张韵泉（凯）家藏有一幅，尝谓悬此，鼠耗果靖。（汉记）

张韵泉云："人得猫相，主六品贵，见相书。"

又云："猫眼极澄澈，故水之澄澈者，谓之猫眼泉。堪舆家言凡坟墓之前，有此注泉荫主清贵。"

（韵泉，山阴人。）

长沙姜午桥（兆熊）云："道光乙酉，浏阳马家冲一贫家，猫产四子，一焦其足，弥月丧其三，而焦足者独存。形色俱劣，亦不捕鼠，常登屋捕瓦雀①咬之，时或缩颈池边，与蛙蝶相戏弄。主家嫌其痴懒，一日携至县，适典库某见之，骇曰：'此焦脚虎也！'试升之屋檐，三足俱伸，惟焦足抓定，久不动旋。掷诸墙间亦如之。市以钱二十缗②，其人喜甚。先是典库固多猫，亦多鼠。自此群猫皆废，十余年不闻鼠声，人服其相猫，似得诸牝牡骊黄③外矣，此故友李海门为余言之。海门，浏邑庠生，

------

**【注释】**

① 瓦雀：麻雀的别名。

② 缗（mín）：古代计量单位，一缗就是一串铜钱，一般一千文。

③ 牝牡骊黄：喻指事物的表面现象。

名鼎三。"

汉按：焦脚虎三字，新而且奇。

钱塘吴鸿江（官懋）云："余甥女姚兰姑，畜一猫，虎斑色，金银眼，无尾。产雌猫一，黑质白章，亦无尾。今四年矣，行相随，卧相依，时为母猫舐毛咬虱。每饭必蹲俟母食而后食。母猫偶怒以爪，则却受不敢前，或出不归，则遍往呼寻。人或误挞母猫，则闻声奋赴，若将救然。甥女事母孝，咸以为孝感云。"

汉按：此与蒋丹林都宪之猫同为孝感所致，可谓无独有偶。（鸿江，一字小台。）

鸿江又云："姑苏虎丘多耍货铺，有以纸匣一，塑泥猫于盖，塑泥鼠于中，匣开则猫退鼠出，合则猫前鼠匿，若捕若避，各有机心，其人巧有如此者。儿童争购之，名猫捉老鼠。"

姜午桥云:"猫为惊兽,可对劳虫。蚁一名劳虫。"

汉按:昔余友姚雅扶先生(淳植)云:"鹤为傲鸟,鱼为惊鳞。"又云:"猫灵鸭懵,鱼愕鸡睨,蚁劳鸠拙,鹭忙蟹躁,蛙怒蝶痴,鹅慢犬恭,狐疑鸽信,驴乖蛛巧。"所述颇繁,因记忆所及,附识备览。(雅扶,庆元廪生,寄居温郡。)

朱赤霞上舍①(城)云:"凡端午日,取枫瘿②刻为猫枕③,可辟鼠,兼可辟邪恶。"

汉按:王兰皋有《猫枕》诗,今失传。昔周藕

---

【注释】

① 上舍:对一般读书人的尊称。

② 枫瘿(yǐng):枫树疙瘩,瘿:囊状性赘生物。

③ 猫枕:猫形枕头,有木制、瓷制的。

农先生尝云："兰皋令台湾，课士。以猫枕为赋题，用猫典①者，盖寥寥然。"

丁仲文（杰）云："《猫苑》一出，则后之为诗赋者，皆可取材于此矣，补助艺林，功非浅鲜。"

———————————————【注释】———————————————

① 猫典：有关猫的典故。

猫苑

原文

卷下

·雅趣小书·

## 名物①

夫名也物也，有宇宙来则皆萌之于无，存之于有。虽万类之杂出，万事之丛生，盖无物无名，无名无物，形影著于一旦，魂魄留于百世，资谈噱而供楮墨，又非独猫为然也。兹篇则专为猫资考证焉。辑《名物》。

猫名乌圆（《格古论》），又名狸奴（《韵府》）。又美其名曰玉面狸（《本草集解》），曰衔蝉（《表异录》）。又优其名曰鼠将（《清异录》）。娇其名曰雪姑（《清异录》），曰女奴（《采兰杂志》）。奇其名曰白老（《稽神录》），曰昆仑妲己（《表异录》）。

汉按：以乌圆为猫，相沿久矣。考王忘菴题画猫诗"乌圆炯炯"②，则似专指猫眼而云然也。

---

【注释】

① 名物：事物的名称、特征等。

② 参考上文《灵异》门。

---

胡笛湾云："《清异录》载，武宗为颖王时，邸园畜禽兽之可人者，以备十玩，绘《十玩图·鼠将猫》①。"

唐张抟②好猫，皆价值数金。有七佳猫，皆有命名：一东守，二白凤，三紫英，四怯愤，五锦带，六云团，七万贯。（《记事珠》）

猫乃小兽之猛者。初，中国无之，释氏因鼠啮佛经，唐三藏禅师③从西方④天竺国携归，不受中国之气。（《尔雅翼》）

[注释]

① 十玩图：唐武宗李炎喜好豢养动物，给所养动物赋予雅号，列之好恶人格化，并绘"十玩"图。其"十玩"号为：九皋处士，鹤；长鸣都尉，鸡；惺惺奴，猴；长耳公，驴；茸客，鹿；玄素先生，白鹇；灵寿子，龟；守门使，犬；鼠将，猫；辨哥，鹦鹉。

② 抟：音tuán。

③ 唐三藏禅师：唐代玄奘法师的俗称。精通经、律、论三藏的高僧称为三藏法师。

④ 西方：西方净土。

汉按：此说《玉屑》载之，且谓猫乃西方遗种。夫开辟之初，禽兽即与万类杂生，故五经早有猫字，何待后世释氏取西域之遗种耶？此固谬谈，不谓《尔雅翼》乃亦引用其说。

养鸟不如养猫，盖猫有四胜：护衣书有功，一。闲散置之，自便去来，不劳提把，二。喂饲仅鱼一味，无须蛋米虫脯供应，三。冬床暖足，宜于老人，非比鸟遇严寒则冻僵矣，四。第世俗嫌其窃食，多梃走之。然不养则已，养不失道，虽赏不窃。（韩湘岩《与张度西书》）

汉按：陆放翁诗："狸奴毡暖夜相亲。"张无尽诗："更有冬裘共足温。"则暖老一说亦自有本。韩名锡胙，青田人，嘉庆间以进士通籍[1]，官至观察。

---

【注释】

[1] 通籍：指初作官，意谓朝中已有了名籍。

纳猫法：用斗或桶，盛以布袋，至家讨箸一根，和猫盛桶中携回。路遇沟缺，须填石以过，使不过家。从吉方归，取猫拜堂灶及犬毕。将箸横插于土堆上，令不在家撒屎。仍使上床睡，便不走往。（《崇正辟谬通书》）

汉按：瓯人纳猫，用草代箸，量猫尾同其长短，插草于粪堆上，祝之，勿在家撒屎。余与通书大略相同。

阉猫曰净。（《臞仙肘后经》）

番禺丁仲文孝廉（杰）云："公猫必阉杀其雄气，化刚为柔，日见肥善。时俗又有半阉猫，只去内肾一边，其雄气未尽消亡，更觉刚柔得中。"

汉按：通书载净猫宜伏断日，忌刀砧、血刃、飞廉、受死、血支等煞。凡阉猫须于屋外，猫负痛自奔回屋内，否则必外逸，从此视内室如畏途矣。

阉时，又须将猫头纳入卷簟之口，阉毕纵之，则从后口奔去，庶免被啮伤手，亦法之良也。

古人乞猫，必用聘，黄山谷诗"买鱼穿柳聘衔蝉"。瓯俗聘猫，则用盐醋，不知何所取义。然陆放翁诗"裹盐迎得小狸奴"，其用盐为聘，由来旧矣。（《丁兰石尺牍》）

黄香铁待诏云："潮人聘猫，以糖一包，余从冯默斋教授乞猫，以茶二包为聘。"（绍兴人聘猫用苎麻，故今有苎麻换猫之谚。）余向陶翁蓉轩家聘猫，盖用黄芝麻、大枣、豆芽诸物。（汉自记）

张孟仙刺史云："吴音读盐为缘，故婚嫁以盐与头发为赠，言有缘法。俗例相沿，虽士大夫[①]亦复因之。今聘猫用盐，盖亦取有缘之意。"此说近理，录以存证。

------

【注释】

① 士大夫：旧时指官吏或较有声望、地位的知识分子。

闽浙山中种香菰者，多取猫狸，挖去双眼，纵叫遍山，以警鼠耗。猫既瞎而得食，即无所他之，昼夜惟有瞎叫而已。（王朝清《两窗杂咏》）

汉按：此袪鼠之法虽善，未免恶毒，亦猫之不幸也。瓯人以昧不懂事而喜叫嚚[1]挥斥者，讥之为"香菰山猫儿瞎叫"。

猫不食虾蟹，狗不食蛙。（《识小录》）

猫食鳝则壮，食猪肝则肥，多食肉汤则坏肠。（《夷门广牍》）

猫食薄荷则醉。（《埤雅》）

胡笛湾知醛云：猫以薄荷为酒，故叶清逸《猫图赞》云："'醉薄荷，扑蝉蛾。主人家，奈鼠何。'"

猫捕雀、蝶、蛙、蝉而食者，非狂则野，生疣[2]

雅
趣
小
书

及蛆。（《物性纂异》）

张孟仙云："猫食野物，则性戾而不驯。食盐物，则毛脱而癞。"

陶文伯云："猫喜捕雀，每伏处瓦垅，伺雀跃而前，即突起扑之，百不失一。又喜与乌鹊斗。"

丁仲文（杰）尝分猫为三等，并立美名。如纯黄者曰"金丝虎"，曰"戛金钟"，曰"大滴金"。纯白者曰"尺玉"，曰"宵飞练"。纯黑者曰"乌云豹"，曰"啸铁"。花斑者曰"吼彩霞"，曰"滚地锦"，曰"跃玳"，曰"草上霜"，曰"雪地金钱"。其狸驳者，则有"雪地麻"、"笋斑"、"黄粉"、"麻青"诸名。

郑荻畴（煐），永嘉人，拟撰猫格，以官名别之。如小山君、鸣玉侯、锦带君、铁衣将军、鞠尘郎、金眼都尉。至于雪氅仙官、丹霞子、龕灯佛、玉佛奴诸称，则以仙佛名之，更饶韵致。

汉按：猫之别称，在古有极雅者。相传唐贯休有猫，名梵虎。宋林灵素有猫，名吼金鲸。金正希有猫，名铁号钟。于敏中有猫，名冲雾豹。或云吴世璠败后，有三猫为军校所得，颈有悬牌，一曰锦衣娘，一曰银睡姑，一曰啸碧烟，皆佳种也。然余今昔交游，如陈镜帆广文[1]，有猫曰天目猫。周藕农令河南时，有猫曰一锭墨。淳安周爽庭太学，有猫曰紫团花。泰顺董晋庭廷诣，有猫名干红狮。是与遂安朱小阮之鸳鸯猫，萧山沈心泉之寸寸金，先后颉颃[2]焉。

木猫[3]，俗呼鼠强[4]。陈定宇有《木猫赋》。(《通

[注释]

① 广文，明清时称教官（教谕、训导、教授等）为广文。

② 颉颃（xié háng）：不相上下。

③ 木猫：木制的捕鼠器。

④ 强（jiàng）：方言，捕捉老鼠、雀鸟等的工具。

俗编》)

汉按：陈赋云："惟木猫之为器兮，非有取于象形。设机械以得鼠兮，借猫公而为名。"云云。

竹猫：黄香铁待诏云："《武林旧事》载小经纪①有竹猫儿，当是竹器，用以擒鼠者。又有猫窝、猫鱼，卖猫儿、改猫犬。猫窝，当是猫所寝处者，今京师隆冬所着皮鞋亦名猫儿窝。又崇祯初年，宫眷②每绣兽头于鞋上，呼为猫头鞋，识者谓猫，旄也，兵象也。③见《崇祯宫词》。"

铁猫，船椗也。猫或作锚。（焦竑《俗书刊误》）

汉按：船椗粤人呼为铁猱④，盖猱亦猫类也。

---

【注释】

① 小经纪：古代经营小商品行业的称谓。

② 宫眷：后妃的统称。

③ 旄（máo）：用牦牛尾装饰的旗子。兵象：战争的象征。

④ 猱（náo）：古书中的一种狗。

又按：另铁猫三事已类列上卷《灵异》门。

金猫：临安尹铸以偿秦桧女狮猫，详见后《故事》门。

火猫：瓯中田野人家，冬日悉抟①土为器，开口纳火。其背穹，背上多挖小孔以升火气，名曰火猫。男妇老少各以御寒。（王朝清《雨窗杂录》）

泥猫：陈笙陔云："杭州人每于五月朔，半山看竞渡，必向娘娘庙市泥猫而归，不知何所取义。猫为泥塑，涂以彩色，大小不等。"吴杏林云："养蚕人家多买以禳鼠。"

---

【注释】

① 抟（tuán）土：揉泥成圆形。

纸猫：张湘生（成晋）云："《坚瓠集》有《纸猫》[1]诗。"

汉按：器物以猫命名者，又有猫枕，杨诚斋诗："猫枕桃笙苦竹床"[2]。

道士李胜之，尝画《捕蝶猫儿图》，以讥世。（陆放翁诗注）

汉按：陆放翁诗"鱼餐虽薄真无愧，不向花间捕蝶忙。"

又按：《宣和画谱》载："李蔼之，华阴人，善画猫。"今御府所藏有《戏猫》、《雏猫》，及

━━━━━━━━━━━ 【注释】 ━━━━━━━━━━━

① 《纸猫》："嘴距毛衣巧饰精，翰音形状竟如生。看来宛有俱全德，听去殊无不恶声。置向闲窗谈未得，养虽如木斗难成。群儿戏弄非求媚，天宝坊中似有名。"

② 杨万里《新暑追凉》："朝慵午倦谁相伴，猫枕桃笙苦竹床。"

《醉猫》、《小猫》、《虿猫》[1]等图，凡十有八，此李蔼之或即李胜之欤？而《宣和画谱》又载何尊师以画猫专门，尝谓猫似虎，独耳大眼黄不同。惜乎尊师不充之以为虎，止工于猫，殆寓此以游戏耶！又载滕昌祐有《芙蓉猫儿图》。又王凝为鹦鹉及狮猫等图，不惟形象之似，亦兼取其富贵态度，盖自是一格。

宋人又有《正午牡丹图》，不知谁画，见《埤雅》。禹之鼎有《摹元大长公主抱白猫图》，今藏吴小亭（秉权）家。小亭云："画中公主长身，其猫纯白如雪，惟眼赤色。"

---

[注释]

---

[1] 虿（chài）：毒虫，张衡《西京赋》："蝄蜽虿芥"，向注："怒貌"，生气的猫。

---

近世所传又有《猫蝶图》，盖取耄耋①之意，用以祝嘏②耳。曾衍东有自题画猫云："老夫亦有猫儿意，不敢人前叫一声"，若有戒于言也。曾山东人，令湖北，嘉庆间缘事流戍③温州，工诗画，自号七道士，又称曾七如。

明李孔修，字子长，顺德人，画猫绝工。公卿以笺素④求之，辄不可得。尝负樵薪钱，画一猫与之，樵者怏怏，中途人争购之。已而樵者复以薪求画，笑而不应。（《广东通志》）

黄香铁待诏云："何尊师善画猫，所画有寝者，

---

【注释】

① 耄耋：年长高寿，与猫蝶谐音相似。

② 祝嘏：祝贺寿辰。

③ 流戍：有罪过的人被遣送到荒远地区守边。

④ 笺素：纸和白绢，泛指信纸。

有觉者，展膊者，戏聚者，皆造于妙。其毛色张举，体态驯扰，尤可赏爱。"

胡笛湾知醓云："考《墨客挥犀》，欧阳公尝得一古画《牡丹丛》，其下有一猫，永叔未知其精妙，丞相正肃吴公一见曰：'此正午牡丹也。何以明之？其花枝哆①而色燥，此日中时花也。猫眼黑睛如线，此正午猫眼也。有带露花，则房②敛而色泽，猫眼早暮则睛圆，正午则如一线耳。'此亦善求古人之意者也。"

郑荻畴（烺）云："昔有画家高手，尝画一猫横卧屋背上。形神逼肖，无不夸赞。一客见之云：

[注释]

① 哆（chǐ）：张开口的样子。

② 房：这里指花房、花冠。

'佳则佳矣，惜犹有可贬处，以为猫纵长不过尺余，此猫横卧瓦上，乃过六七行，是其病也。'于是人服其精识。"

清明日，瓯人小儿及猫犬，皆戴以杨柳圈，此亦风俗之偏。（朱联芝《瓯中纪俗诗》注）

汉按：猫系俗缘，故俗之牵率夫猫者甚多。如谚云，人干事不干净者，称为"猫儿头生活"，见《留青日札》。作事不全，则讥为"三脚猫"。张鸣善曲："三脚猫渭水飞熊"[1]，见《辍耕录》。家香铁待诏云："吾

———————— 【注释】————————

[1] 张鸣善：元代著名散曲家。其《水仙子·讥时》："说英雄谁是英雄，五眼鸡岐山鸣凤，两头蛇南阳卧龙，三脚猫渭水飞熊"。五眼鸡、两头蛇、三脚猫，都是实际上并不存在的怪物。用来比喻无才无德的官僚，讽刺颠倒黑白的现实。

乡开标场赌标 <sup>①</sup> 者，每四字作一句，其十二字分作
三句者，名曰三脚猫。"华润庭云："吴俗呼乞养
子为'野猫'，谓人矫诈为'赖猫'，习拳勇者为'三
脚猫'。"

　　又按："偷食猫儿改不得"，见《杂篡二续》。
"哪个猫儿不吃腥"，见《元曲选》。"依样画猫儿"，
"寒猫不捉鼠"，并见《五灯会元》。"猫头公事"、
"猫口里挖食"、"猫哭老鼠——假慈悲"，俱见《谈
概》及《庄岳委谈》。（俗传笑话，谓一日者，鼠
见猫颈悬念珠，群以是已归佛，必然慈悲，吾辈可

---

【注释】

① 赌标：清末民初的一种赌博方式。所谓"标"就是有一张标图，上面
分"肯龙白虎严归身出门"四向，四向均分，共排列着三十六个人名，
据说都是历代有名的赌棍。由标场赌棍选一个名字悬挂起来。参赌者押
中本名(当天所出的名字)者，押一赔三十三，押中"射子"(当天所出名
字是标图对面的那个名字)和"伴子"(当天所出名字是标图左右相伴的名
字)者，押一赔一。

以无恐。然而未可深信，先令小鼠过之，猫伏不动。次令中鼠过之，亦不动，大鼠信其无他，最后过之，猫忽突起，擒而毙之。群鼠于是抱头窜去，曰："此假慈悲，此假慈悲。"）

又如《通俗编》所载，"猪来贫，狗来富，猫来开质库。"又"狗来富，猫来贵，猪来主灾晦。"至"朝馁猫，夜馁狗"，此又见于《月令广义》。世俗又以捕役与偷儿混处，称为"猫鼠同眠"，此四字见《唐书》。浙谚又有"猫哥狗弟"之谓，以猫常斥狗，而狗多辟易避去，故韵本有"兄猫"之文，此亦傅会之说。至于"猫儿念佛"，"猫儿牵砻"①，此则因其齁声而云然。瓯俗又以讹索财物者，

---
【注释】

① 牵砻：拉磨，指猫的齁声像拉磨发出的声音。

称为"猫儿头"。以人小器，称为"猫儿相"。若少年勇往，则云"新出猫儿强如虎"。夫谚虽鄙俚，皆有义理，故古今传诵不替。若《红楼梦》所称"钻热炕的淹①毛小冻猫子"②，此则满州人之口腔也。

汉又按：猫不列于六畜，而猫犬连称殆亦不少。如"狗来富，猫来贵"，"朝馁猫，夜馁狗"以及"猫哥狗弟"之外，即瓯俗清明猫犬戴柳圈，皆属连类所及。又俗谚："六月六，猫狗浴。"家香铁《消夏》诗："家家猫狗浴从窥。"又无名氏《硕鼠传》云："今是获不犬不猫"。又数九歌："六九五十四，猫狗寻阴地。"至于五代卢延让《应举诗》："饿

---

**【注释】**

① 淹（è）：用灰烬掩盖着的火种。

② 语出《红楼梦》，凤姐说的话"四姑娘小呢。兰小子更小。环儿更是个燎毛的小冻猫子，只等有热灶火炕让他钻去罢。真真一个娘肚子里跑出这样天悬地隔的两个人来，我想到这里就不伏。"

猫临鼠穴，馋犬舐鱼砧。"见赏主司，遂获登第，人谓得猫犬之力，此则尤其显焉者也。

华润庭云："猫虽不列于六畜，然性驯良者，能解人意，所以得人爱护者，亦物性有以致之耳。"

余好食鱼，客有讥之云："闻君记载猫典，可知冯驩[1]为猫之后身乎？"问："何以见之？"曰："于其弹铗[2]见之。"余曰："然，余固冯驩之后身也，其知焉否？"相与哑然。（自记）

---

【注释】

[1] 冯驩：一作冯谖。战国齐国游士。家贫，为孟尝君门下食客。曾为孟尝君到封邑薛（今山东滕州南）收债息，得钱十万，并焚未能还的债券，使孟尝君获称誉。传孟尝君一度失齐国相位，他又游说秦王、齐王，使复位。

[2] 弹铗（tán jiá）：弹击剑把。语出《战国策·冯谖客孟尝君》一篇，冯谖作为孟尝君的食客，级别很低，他觉得生活待遇不好，在门柱上，一边弹剑柄，一边唱道："长剑呀！我们还是回去吧！在这里吃饭，连鱼也没有。"后演化成了成语"弹铗无鱼"。铗，剑把。

# 故事

　　人物相因缘，则事端生焉。历劫不磨，遂成掌故。猫之系于人事亦多矣。语云："前事不忘"，君子取鉴于古，异闻足录。学者结绳① 于今，吾故用是孜孜焉。辑《故事》。

　　孔子鼓琴，闵子闻之，以告曾子："向也夫子之音，清澈以和，今也更为幽沈之声，何感至斯乎？"入而问焉，孔子曰："然。向见猫方捕鼠，欲其得之，故为之音也。"（《孔丛子》）

　　连山张大夫抟，好养猫，众色备有，皆自制佳名。每视事退至中门②，数十头曳尾延颈盘接而入。

---

【注释】

① 结绳：上古无文字，结绳以记事，这里代指记录掌故。

② 中门：内、外门之间的门。

常以绿纱为帷，聚猫于内以为戏，或谓抟是猫精。（《南部新书》）

武后①有猫，使习与鹦鹉并处，出示百官。传观未遍，猫饥，抟鹦鹉食之。后大惭。（《唐书》）

武后杀王皇后及萧良娣，萧詈曰："愿武为鼠我为猫，生生世世扼其喉！"后乃诏六宫毋畜猫。（《旧唐书》）

猫别名天子妃，见《鹤林玉露》。盖萧妃被杀，临死有"我愿为猫武为鼠"之语，故有是称。（梁绍壬《秋雨庵笔记》）

卢枢为建州刺史，尝望月中庭，见七八白衣人曰："今夕甚乐，但白老将至，奈何？"须臾，突

---

【注释】

① 武后：唐高宗后，武周皇帝，名曌（zhào），并州文水(今山西文水东)人，后世通称为武则天。

入阴沟中，遂不见。后数日，罢郡归家，有猫名白老，于堂西阶地下，获鼠七八头。（《稽神录》）

元和初，上都恶少李和子，常攘狗及猫食之。一日，遇紫衣吏二人追之，谓猫犬四百六十头，论诉事。和子惊惧，邀入旗亭，以酒酬鬼，求为方便。二鬼曰："君办钱四十万，为假三年命。"和子遽归货衣，具凿楮焚之，见二鬼挈其钱去。及三日，和子卒。鬼言三年，盖人间三日也。（段成式《支诺皋》）

薛季昶，梦猫伏卧堂限上，头向外。以问占者张猷，猷曰："猫者爪牙也，伏门限者，阃外之事。君必知军马之要。"果除桂州都督，岭南招讨使。（《朝野佥载》）

裴宽子谞，好诙谐，为河南尹，有妇人投状争猫儿，状云："若是儿猫，即是儿猫；若不是儿猫，即不是儿猫。"谞大笑，判云："儿猫不识主，傍我捉老鼠，两家不须争，将来与裴谞。"遂纳其猫，两家皆哂之。（《开元传信记》）

《稽神录》：建康有卖醋人某，畜一猫，甚俊健。辛亥岁六月，猫死，不忍弃，置之座侧。数日腐且臭，不得已携弃秦淮河。既入水，猫活。某自下水救之，遂溺死。而猫登岸，走金乌铺，吏获之，缚置铺中，出白官司，将以其猫为证。既还，则已断其索，啮壁而去矣，竟不复见。（《太平广记》）

《闻奇录》：进士归系，暑月与一小孩儿于厅中寝，忽有一猫大叫，恐惊孩子，使仆以枕击之，猫偶中枕而毙，孩子应时作猫声，数日而殒。（《太平广记》）

平陵城中有一猫，常带金锁，有钱飞若蛱蝶，土人往往见之。（《酉阳杂俎》）

《闻奇录》：李昭嘏当应进士试之先，主司昼寝，见一卷在枕前，乃昭嘏名，令送还架上。复寝，有一大鼠衔嘏卷送枕前，如此再三。来春嘏遂获及第。因询之，乃知其家三世不养猫，盖鼠报也。（《太平广记》）

宝应中，有李氏子，家于洛阳。其世以不杀，故家未尝畜猫，所以宥鼠之死也。迨其孙亦能世祖父意。尝一日，李氏大集其亲友，会食于堂，既坐而门外有数百鼠俱人立，以前足相鼓，如甚喜状。家人惊异，告于李氏，亲友乃空其堂纵观之，人去尽，堂忽摧圮，其家无一伤者。堂既摧，鼠亦去。悲夫！鼠固微物也，尚能识恩而知报如此，而况人乎？（《宣室志》）

余在辇毂①，见揭小榜曰："虞大博宅失一猫，

---

[注释]

① 辇毂（niǎn gǔ）：皇帝的车舆，代指京城。

色白，名雪姑。"（《清异录》）

秦桧小女名童夫人，爱一狮猫，忽亡之，立限命临安府访求。凡狮猫悉捕至，而皆非也。乃赂入宅老卒，询其状，图百本于茶肆张之，后嬖人祈恳乃已。（《老学庵笔记》）

汉按：《西湖志余》作秦桧女孙，封崇国夫人，其亡去狮猫后，府尹曹泳因嬖人以金猫赂恳，乃已。

万寿寺有彬师者，善谑。尝对客，猫居其旁，彬曰："鸡有五德，此猫亦有之：见鼠不捕，仁也。鼠夺其食而让之，义也。客至设馔则出，礼也。藏物虽密，能窃食之，智也。冬必入灶，信也。"客为绝倒。（《挥麈新谈》）

景泰初，西番贡一猫，道经陕西庄浪驿。或问猫何异而上供，使臣请试之。乃以铁笼罩猫，纳于空室，明日起视，有数十鼠伏死笼外。云此猫所在，

虽数里之外，鼠皆来伏死，盖猫中之王也。（《续己编》并见《华彝考》）

湘潭张博斋云："戚家畜一猫，数年不见其捕一鼠，而鼠耗亦绝。一日，修葺住房，其猫所常伏卧之地板下，死鼠数百，然后知此猫之善于降鼠。是即华润庭所云猫之捕鼠，能聚鼠为上也。"

前朝大内猫狗，皆有官名食俸，中贵养者，常呼猫为老爷。（宋牧仲《筠廊偶笔》）

明万历时，御前最重猫，其为上所怜爱，及后妃各宫所畜者，加至管事职衔，且其称谓更奇。牝者曰某丫头，牡者曰某小厮。若已骟者，则呼为某老爹。至进而有名封，直谓之某管事，但随内官数内，同领赏赐。此不过左貂[①]辈，缘以溪壑[②]，然

---

[注释]

① 左貂：秦、汉的宦官一般是银铛左貂的装饰，故以此代宦官。

② 溪壑：溪谷，亦借喻难以满足的贪欲。

得无似高齐之郡君、仪同耶！<sup>①</sup>又猫性喜跳，宫中圣胤初诞，未长成者，间遇其相遘而争，相诱而噪，往往惊搐成疾。其乳母又不欲明言，多至不育。此皆内臣亲道之者，似亦不妄。又尝见内臣家所畜骟<sup>②</sup>猫，其高大者，逾于寻常家犬。而犬又贵小种，其最小者如波斯金线之属，反小于猫数倍，每包裹置袖中，呼之即自出，能如人意，声甚雄，般般如豹。（《野获编》）

临安北内外西巷，有卖熟肉翁孙三，每出，必戒其妻曰："照管猫儿，都城并无此种，莫令外人闻见，或被窃去，绝吾命矣。我老无子，此与吾子

---

〔注释〕

① 北齐后主高纬，为其宠物赐封号"郡君""仪同"。《北史·齐纪下·后主》："马及鹰犬，乃有仪同、郡君之号。"

② 骟：割去牲畜的睾丸或卵巢。

无异也。"日日申言不已，乡里数闻其语，心窃异之，觅一见不可得。一日，忽拽索出，到门，妻急抱回，其猫干红色，尾足毛发尽然，见者无不骇异。孙三归，责妻漫藏，棰詈交至。已而浸淫于内侍之耳，即遣人唤以厚值，孙峻拒，内侍求之甚力，反覆数回，仅许一见。既见，益不忍释，竟以钱三百千取去，孙流泪，复棰其妻，尽日嗟怅。内侍得猫喜极，欲调驯然后进御，已而色渐淡，及半月全成白猫。走访孙氏，已徒居矣。盖用染马缨①法，积日为伪，前之告戒棰怒，悉奸计也。（《智囊补》）

---

【注释】

① 马缨：挂于马颈的带饰。

万历间，宫中有鼠，大与猫等，为害甚剧。遍求佳猫，辄被啖食。适异国贡狮猫，毛白如雪。抱投鼠屋，阖其扉，潜窥之。猫蹲良久，鼠逡巡自穴中出，见猫怒奔之，猫避登几上，鼠亦登，猫则跃下，如此往复，不啻百次，众咸谓猫怯。既而鼠跳踯渐迟，蹲地少休。猫即疾下，爪掬顶毛，口龁首领，辗转争持间，猫声呜呜，鼠声啾啾，启扉急视，则鼠首已嚼碎矣。然后知猫之避，非怯也，待其惰也。彼出则归，彼归则复，用此智耳。（《聊斋志异》）

盐城令张云，在任，养一猫，甚喜。及行取御史[1]带之同行。至一察院[2]，素多鬼魅，人不敢入，云必进宿。夜二鼓，有白衣人向张求宿，被猫一口咬死。

---

【注释】

① 行取：明清时，地方官经推荐保举后调任京职。

② 察院：御史出差在外，其驻节的衙署亦称察院。

视之，乃一白鼠，怪遂绝。（《坚瓠集》）

毕怡安小姨子爱猫。一日，席上行酒令传花，以猫叫声饮酒为度。每巡至怡安，猫必叫，怡安不胜酒创，疑甚。察之，则知小姨子故戏弄之，凡花传至怡安，辄暗掐猫一指，使叫云。（《聊斋志异》）

有李侍郎，从苗疆携一苗婆归，年久老病，常伏卧。尝养一猫，酷爱之，眠食必共。其时里中，传有夜星子之怪，迷惑小儿，得惊痫之疾，远近惶惶。一日，有巫姑云能治之，乃制桃弓柳箭，系以长丝，伺夜星子乘骑过，辄射焉。丝随箭去，遣人迹之，正落某侍郎家。忽婢子报老苗婆背上中箭，视之，已懵然，而所畜之猫尚伏胯下，然后知老苗婆挟术为祟，而常以猫为坐骑也。（《夜谭随录》）

江宁王御史父某，有老妾，年七十余，畜十三猫，爱如儿子。各有乳名，呼之即至。乾隆己酉，

老奶奶亡，十三猫绕棺哀鸣，喂以鱼飱，流泪不食，饿三日，竟同死。（《子不语》）

沂州多虎，陕人焦奇寓于沂，素神勇，入山遇虎，辄手格毙之。有钦其勇，设筵款之，焦乃述其生平缚虎状，意气自豪。倏一猫登筵攫食，主人曰："邻家孽畜，可厌乃尔！"无何猫又来，焦奋拳击之，肴核<sup>①</sup>尽倾碎，而猫已跃伏窗隅。焦怒，逐击之，窗棂亦裂，猫一跃登屋角，目耽耽视焦。焦愈怒，张臂作擒缚状，而猫嗥然一声，过邻墙而去。主人抚掌笑，焦大惭而退。夫能缚虎而不能缚猫，岂真大敌勇、小敌怯哉。（《谐铎》）

闽中某夫人，喜食猫。得猫，则先贮石灰于罂，投猫于内，而灌以沸汤，猫为灰气所蚀，毛尽脱，

---

【注释】

① 肴核：肉类和果类食品，这里引申为装食品的盘子。

不烦挦治，血尽归于脏腑，肉白莹如玉。云味胜鸡雏十倍也。日日张网设机，所捕杀无算。后夫人病危，呦呦作猫声，越十余日乃死。（《阅微草堂笔记》）

邹泰和学士，有爱猫之癖。每宴客，召猫与孙侧坐，赐孙肉一片，必赐猫一片。督学河南，按临商丘，失一猫，严檄督县捕寻。令苦其烦，则以印文覆之，有云："遣役挨民户搜查，宪猫无获。"（《随园诗话》）

汉按：古今名贤有猫癖者多矣，若昔之张大夫、今之邹学士之好猫，则尤酷尔。近年玉环厅某司马，有八猫，皆纯白色，号八白。常用紫竹稀眼柜笼之，分四层，每层居二猫，行动不分远近，必携以从，此亦可谓酷于好矣。

刘月农巡尹云："山东临清州产猫，形色丰美可珍，惟耽慵逸，不能捕鼠，故彼中人以男子虚有其表而无才能者，呼之为临清猫。"

合肥龚芝麓宗伯[1]，所宠顾夫人名媚，性爱狸奴。有字乌员者，日于花栏绣榻间徘徊抚玩，珍重之意，逾于掌珠。饲以精餐嘉鱼，过餍而毙。夫人惋悒累日，至于辍膳。宗伯特以沉香斫棺瘗之，延十二女僧，建道场三昼夜。（钮玉樵《觚剩》）

江西崇仁县沈公侧室，尝养猫数十只，各色咸备，系以小铃，群猫聚戏，则琅琅有声。每日有猫料一分开销。沈公，嘉庆拔贡[2]，名棠。

吴□帆太守云："高太夫人，系颖楼先生正室，小楼观察之母也。为浙中闺秀[3]，颇好猫，尝搜猫典，

------

【注释】

① 宗伯：这里指礼部尚书。

② 拔贡：清代贡生的一种。由学政从生员中考选，报送入监。经朝考合格，可充京官、知县或教职。

③ 闺秀：大户人家的有才德的女儿。

------

著有《衔蝉小录》行于世。"（夫人名荪蕙，字秀芬，会稽孙姓，著有《贻砚斋诗集》。）

　　汉按：猫之贻爱于闺阁者，有如此，以视前篇所载李中丞、孙闽督两闺媛之所好，尤为奇僻。然终不若高太夫人之好，且为著书以传，斯真清雅。惜此《衔蝉小录》，一时觅购弗获，无从采厥绪余，光我陋简。（孙子然云："夫人有咏猫句云：'一生惟恶鼠，每饭不忘鱼。'子然，名仲安，夫人族弟①。"）

──────────〖注释〗──────────

① 族弟：同高祖兄弟的弟辈。亦泛指同族同辈中年较少者。

# 品藻

蠢动①杂生之中，有一物能得名贤叹赏，词人题咏②，则其为生也荣矣。然非有德性异能，岂易致哉。古今来品题文藻，旁及于猫者匪少，盖猫固有德性异能也。有修获此，乌得不为猫荣。辑《品藻》。

《诗经》：有猫有虎③。

《庄子》：独不见夫猫性乎，卑身而伏，以俟遨者。（原注：遨，遨游也。）东西跳梁④，不避高下。（《渊鉴类函》）

---

【注释】

① 蠢动：泛指动物。

② 指为歌咏某一景物、书画或某一事件而题写的诗词。

③ 语出《诗经·大雅·韩奕》："有熊有罴，有猫有虎。"形容韩城物产丰富。

④ 跳梁：即跳踉，跳跃。

又：骐骥骅骝<sup>①</sup>，一日千里，捕鼠不如狸狌，言殊技也。

《尹文子》：使牛捕鼠，不如狸狌之捷。

《史记·东方朔传》：骐骥騄駬，飞兔騕褭<sup>②</sup>，天下之良马也。将以捕鼠，不如跛猫。

《淮南子》：审毫厘之计者，必遗天下之大数。不失小物之选者，惑于大事。譬犹狸之不可使搏牛，虎之不可使搏鼠也。

---

① 骐骥、骅骝：都是古代骏马名。
② 骐骥、騄駬，飞兔、騕褭：都是古代良马名。

《八纮译史》：高昌国不朝贡，唐使人责之，国王曰："鹰飞于天，雉窜于蒿，猫游于室，鼠安于穴，各得其所，岂不快哉！"

黄山谷《谢周元之送猫》①诗：养得猫奴立战功，将军细柳有家风。一箪未免鱼餐薄，四壁常令鼠穴空。

汉按：陆放翁云："先君②尝读山谷猫诗，而叹其妙。"

罗大经《猫》诗："陋室偏遭黠鼠欺，狸奴虽小策勋奇。扼喉莫谓无遗力，应记当年骨醉时。"③

────────── 【注释】 ──────────

① 该诗称赞了猫的捕鼠技能，将其戏比为治军严正的周亚夫将军。周亚夫：西汉大将，沛县（今属江苏）人。文帝时，匈奴进犯，他防守细柳（今陕西咸阳西南），军令严整。

② 先君：已故的父亲。

③ 该诗写了一只屡立捕鼠战的猫，还用"骨醉"典故作比。骨醉：武则天令人杖责被废的王皇后及萧淑妃各一百杖，截去手足，投于酒瓮中，说："令这两个贱婢骨醉而死！"据说，萧淑妃临死前骂道："愿武为鼠吾为猫，生生世世扼其喉。"武后乃诏六官不得养猫，从此猫又叫"天子妃"。

张无尽《猫》诗："白玉狻猊藉锦茵，写经河上净明轩。吾方大谬求前定，尔亦何知不少喧。出没任从仓内鼠，钻窥宁似槛中猿。高眠永日长相对，更为冬裘共足温。[1]"

林希逸《戏号麒麟猫》诗："道汝含蝉实负名，甘眠昼夜寂无声。不曾捕鼠只看鼠，莫是麒麟误托生？"[2]

金国李纯甫《猫饮酒》诗："枯肠痛饮如犀首，奇骨当封似虎头。尝笑庙谟空食肉，何如天隐且糟

---

[ 注释 ]

---

[1] 该诗也写了一只大白日安卧湖边芳草的懒猫，虽然对家中的老鼠穿梭有些许抱怨，但把猫打呼戏比为抄经书使得家中清净，说它冬天卧在衣服上还能供人暖脚，作者笔下流露出更多的是对猫的恋爱之情。狻猊：狮子，这里喻猫。锦茵：芳草。写经：抄写佛经，这里指猫打呼像念经。

[2] 该诗用诙谐的笔调描绘了一只从不捉老鼠，徒有虚表的懒猫。麒麟：传说其性情温和，不伤生灵。

丘。书生幸免翻盆恼，老婢仍无触鼎忧。只向北门长卧护，也应消得醉乡侯。"①

《委巷丛谈》：古人咏猫绝句甚多，而用意各别。黄山谷《乞猫诗》云："秋来鼠辈欺猫死，窥瓮翻盆搅夜眠。闻道狸奴将数子，买鱼穿柳聘衔蝉②。"喻小人得志，冀用君子之意。刘子亨云："口角风来薄荷香，绿阴庭院醉斜阳。向人只作狰狞势，不管黄昏鼠辈忙。"③语涉讪刺。刘潜夫云："古人养客乏车鱼，今尔何功客不如。食有溪

---

【注释】

① 本诗以猫不得食肉而饮酒，讥讽金朝庙堂上无能的食肉者的吃喝歪风。用事遣词都取奇崛的一路，光怪陆离，造成整体上磊落不平的气势。犀首：指无事好饮之人，出自《史记·张仪列传》。当封：应当受到封赏。庙谟：朝廷或帝王对战事进行的谋划，这里指当政之人。天隐：隐而不仕之最高境界。糟丘：积糟成丘。极言酿酒之多，沉湎之甚。北门：北部边防要地。消得：享用、配得。醉乡侯：戏称嗜酒者。

② 前二句写老猫死后鼠益猖獗，为衬"乞猫"之必要与迫切；后二句写乞得良猫之喜悦。衔蝉：猫的别称。

③ 本诗清新雅致，深藏讽喻，耐人寻味。沉迷于薄荷，打鼾痴睡，向人张牙舞爪，随那耗子翻天搅地，要这等懒猫何用？

鱼眠有毯，忍教鼠啮案头书。"①语稍含蓄，而督责亦露。陆务观云："裹盐迎得小狸奴，尽护山房万卷书。惭愧家贫策勋薄，寒无毡坐食无鱼。"②庶乎厚施薄责而报者自愧。惟刘伯温云："碧眼乌圆食有鱼，仰看蝴蝶坐阶除。春风荡漾吹花影，一任人间鼠化鴽。"③真豁达含宏，法禁不施，而奸宄④自化，信乎王佐才也。（《全浙诗话》）

--- 【注释】 ---

① 该诗用了冯谖的典故，含蓄地表现了诗人对猫不捕鼠的责怪之意。食客冯谖无车无鱼，你食有鱼，眠有毯，可怎么还让老鼠咬了案头的书呢？

② 表达作者对猫的爱怜。用盐换回来的小狸奴，帮作者守护了书籍，但因家穷而不能给猫鲜鱼暖毯，作者对此表达了一种惭愧之情。

③ 它这是一首题画诗，名为《题画猫》。前三句铺叙画面，结句就画意生发，讽刺食禄而不尽职的官员，比喻为不捉老鼠的猫，比喻贴切，描写生动，惟妙惟肖。乌圆：猫的别称。 食有鱼：言待遇优厚。《史记·孟尝君列传》载，战国时，冯谖家贫，为孟尝君门客，尝"弹剑而歌曰：'长铗归来乎，食无鱼。'孟尝君迁之幸舍，食有鱼矣。" 阶除：台阶。"春风"句：古人写"花影"多与男女情愫有关，这里是写猫"饱暖思淫欲"，心中春风荡漾，眼前花影摇曳。鼠化鴽（rú）：古时传说，田鼠会化为鴽鸟：谓田鼠活得自由自在。

④ 奸宄：违法作乱的人。

林逋《猫》诗："纤钩时得小溪鱼，饱卧花阴兴有余。自是鼠嫌贫不到，莫惭尸素在吾庐。"①

蔡天启《乞猫》诗："厨廪空虚鼠亦饥，终宵咬啮近灯帷。腐儒生计惟黄卷，乞取衔蝉与护持。"②

王良臣《题画猫》云："三生白老与乌圆，又现吴生小笔前。乞与王家禳鼠祸，莫教虚费买鱼钱。"③

柳贯《题睡猫图》云："花阴闲卧小於菟，堂上氍毹锦绣铺。放下珠帘春不管，隔笼鹦鹉唤狸奴。"④

---

【注释】

① 该诗表达作者对猫的爱怜、亲切之感。对猫吃饱后往花阴中一躺并不责备，而解嘲为家中太贫穷而老鼠不来光顾，所以猫捉不到老鼠。纤钩：猫的尖爪。尸素：尸位素餐；黄卷：书籍。

② 该诗写了书生生活清苦，老鼠只好啃书，为求书籍不毁于鼠齿，只好讨只猫来养，写出了书生实情。

③ 作者题吴生赠与自己的《猫画》，前世今生与来世，而今猫又出现于吴生的画中，虽然是画中猫，但作者还是寄托了希望猫能镇住老鼠的意愿，颇为有趣。白老、乌圆都是猫的别称。

④ 该诗用拟人手法写猫，猫宛如一个慵懒的闺阁美人。於菟：虎的别名，这里喻猫。氍毹（qú shū）：毛织的地毯。

元好问《题醉猫图》云："窟边痴坐费工夫，倒辊横眠却自如。料得先师曾细看，牡丹花下日斜初。"又："饮罢鸡苏乐有余，花阴真是小华胥。但教杀鼠如山了，四脚撩天却任渠。"①

李璜《以二猫送友人》诗，录一："衔蝉毛色白胜酥，搦絮堆绵亦不如。老病毗耶须缄口，从今休叹食无鱼。"②

文征明《乞猫》诗："珍重从君乞小狸，女郎先已办氍毹。自缘夜榻思高枕，端要山斋护旧书。

---

[注释]

① 原题下有"何尊师画宣和内府物"。仙师：何尊师：江南人，失其名，善画猫。躺，用于方言。鸡酥：薄荷。华胥：传说黄帝梦见的一个没有剥削、没有统治者的理想国度。渠：他，方言。

② 头两句写猫毛又白又软，摸起来比棉絮还毛蓬松。搦（nuò）：握着。絮：棉花。绵：蚕丝结成的片或团。后两句写主人对猫的期待，你不是号称"佛猫"吗，所以不要老是喵喵吵着说没有鱼吃。缄口：闭口不言。毗耶：指维摩诘菩萨。诗文中常用以比喻精通佛法、善说佛理之人。

遣聘且将盐裹箬，策勋莫道食无鱼。花阴满地春堪戏，正是蚕眠二月余。"① (《咏物诗选》)

张劭《懒猫》诗："豢养空勤费夜呼，性慵奈像主人何。须燃爨穴防寒早，目送跳梁戒杀多。食少鱼腥春闷闷，眠残花影雪皤皤。长卿四壁虽如水，谁管偷诗物似梭。"② (《咏物诗选》)

按：《随园诗话》，武林女士王樨影③《懒猫》

---

【注释】

① 该诗写情写景，写风俗也写愿望，表现了文人的生活情趣。珍重：郑重。端：的确。山斋：山中的书斋。盐裹箬：古代习俗，向人家要猫，须以盐迎聘。箬，一种宽大的竹叶。策勋：记功勋于策书之上。蚕眠：如睡眠的状态。

② 该诗生动形象描绘了猫的懒相，风趣生动。豢(huàn)养：饲养。爨(cuàn)：炉灶。跳梁：这里指老鼠的跳动。戒杀：不杀生。雪皤皤(pó)：形容白猫睡懒觉。长卿：汉代辞赋家司马相如字长卿。四壁如水：形容贫穷如洗。偷诗：表示家贫无馀物可偷，老鼠只能啃咬诗稿。物似梭(suō)：指老鼠，喻老鼠行动迅如穿梭。

③ 武林：杭州旧时别称。以武林山得名。

诗云："山斋空蓼小狸奴，性懒应惭守敝庐。深夜持斋声寂寂，寒天媚灶睡蘧蘧。花阴满地闲追蝶，溪水当门食有鱼。赖是鼠嫌贫不至，不然谁护五车书。"①

袁子才《谢尹望山相国赠白猫》诗："狸奴真个赐贫官，惹得群姬置膝看。鼠避早知来处贵，鱼香颇觉进门欢。果然绛帐温存久，不比幽兰付侍难。（公先赐兰，已萎。）寄语相公休念旧，年年书札报平安。"②

裘子鹤参军云："古今咏猫诗颇多，猫之畏寒贪睡，尤为诗人作口实。如张无尽之'更为冬裘共

---

① 该诗将猫的懒态描绘得维妙维肖，读来如在眼前。山斋：建在山中的房舍。小狸奴，指猫。敝庐：作者称呼自己家的谦词。斋素食：这句说深夜了懒猫静悄悄地偷吃着斋品。媚灶：贪恋灶堂。蘧蘧(qú)：悠然自得的样子。赖是：靠的是。

② 袁枚得到相国尹望山赠送的一只白猫，家中妻妾十分喜欢，他非常高兴，特地写了一首诗表示感谢。后两句还说您不用惦记它，我会经常写信报平安的。幽兰：兰花，尹望山曾赠兰花与袁枚。

足温'，又'高眠日永长相对'；刘仲尹之'天气稍寒吾不出，氍毹分坐与狸奴'；林逋之'饱卧花阴兴有余'；柳道传之'花阴闲卧小於菟'；与前明高启之'花阴犹卧日初高'；国朝女史袁宜之之'乱书常被懒猫眠'等句，确为狸奴写照。若卢延让之'饥猫临鼠穴'，则写其神情也。苏玉局之'亡猫鼠益丰'，则写其功用也。鲁星村之'猫捧落花戏'，则写其韵致也。至于刘克庄之咏猫捕燕云：'文彩如彪胆智飞，画堂巧伺燕儿微。'[1] 是又有感而云然耶。"

余旧有咏猫一绝，或谓此为怀才之士不能弃暗投明设说，其知余哉。诗云："驱除鼠耗平生志，何必争言豢养恩。大用不能成虎变，空撑牙爪向黄昏。"[2]（汉自记）

------

【注释】

[1] 该句写小猫的花纹跟小老虎一样，颇有胆识与智谋，暗中巧妙地于画堂下捕燕子。画堂：泛指华丽的堂舍。微：暗中。

[2] 该诗咏猫抒怀，表达自己怀才之感。猫一样本有驱逐老鼠的大志，何必说是报答主人的豢养之恩呢。可猫不能像老虎那样有重要的用度，只能磨牙撑爪空度日。

汉按：近日相传一儒士咏猫句云"好鱼性与大贤同"，是则硬拉猫入道学矣，良堪捧腹。

吴石华《调寄雪狮儿·咏猫》有序："钱葆礿有《雪狮儿·咏猫词》，竹垞、樊榭、谷人并和之。引征故实，各不相袭，后有作者，难为继矣。余则全用白描，亦击虚之一法也欤？"① 词曰："江茗吴盐，聘得狸奴，娇慵不胜。正牡丹花影，醉余午倦；荼蘼架底，睡稳春晴。浅碧房栊，褪红时候，燕燕归来还误惊。伸腰懒，过水晶帘外，一两三声。休教划损苔青。只绕在墙阴自在行。更圆睛闪闪，痴看蛱蝶；回廊悄悄，戏扑蜻蜓，踯果才闻，无鱼惯诉，

① 该序译为："钱葆礿有《雪狮儿·咏猫词》一首，朱彝尊、厉鹗、吴锡麒相继追和，所引典故，各不相同，让后来的作者难于继续用典追和。我则全用白描手法（不用典故），不也是一种避实击虚的方法吗？"击虚：避实击虚的略语，这里指不用典故。

宛转裙边过一生。新寒夜，伴薰笼斜倚，坐到天明。"①

明胡侍《骂猫文》曰："家有白雄鸡，畜之久矣。乃者栖于树颠，而横遭猫啖。乃呼猫俾前而骂之曰：'咄'汝猫！②汝无他职，职于捕鼠。以兹大蜡③，古也迎汝。不鼠之捕，曰职不举，而又司晨之禽焉是食，计汝之罪，匪直不职而已也。咄汝猫！相鼠有类，实繁厥徒。或登承尘，或撼户枢，或缘榻荡几，或噙樽舐盂，或覆盒轧楗，或醋图裯书。汝于是时，傥伺须臾，即不逾房闼，而汝之腹以饫，人之害以

猫苑

───────【注释】───────

① 该诗新颖隽雅，笔墨简洁，一只可爱"娇慵"的猫儿跃然纸上。"江茗"句是说江浙地区，迎猫如纳妾，用茶叶也盐作为聘礼。荼蘼：花名，攀援落叶小灌木，夏季开白花，洁美清香，可供观赏。墙阴：墙的阴影、阴暗处。"浅碧"句写傍晚，燕子归巢，误惊猫眠。房栊：窗棂。褪红：天边晚霞退去，代指傍晚。苔青：苔藓。"蹴果"句写猫刚玩弄了果子，又绕着女主人的裙边"喵喵"叫着讨鱼吃。蹴：踢。宛转：回旋。新寒：气候开始转冷。薰笼：有笼覆盖的熏炉。

② 咄：表示呵斥。

③ 大蜡，祭名。古代年终合祭农田诸神，以祈来年不降灾害。

───────  262  ───────

除矣。其或不然，则但据地长号，咆哮噫呜，虽不鼠辈之克殄，而声之所慴，鲜不缩且逋矣。而寂不汝闻，而宵焉其徂。吾不意窥高乘虚，越垣历厨，缘干超枝，攀柯摧荂，而劳苦于一鸡之图。①鼠为人害，汝则保之，鸡具五德，汝则屠之，鼠也奚幸，

【注释】

① 户枢：门栓。噏：同"吸"。奁：小匣子。嚍（zé）:咬。褫（chǐ）:剥夺，脱落。荂（fū）:草木的花。

猫苑

鸡也奚辜！虽则汝有，不若汝无。无汝，则鼠之害不益于今，而鸡之祸吾知免夫。'"（《渊鉴类函》）

　　杨巘《畜猫说》①："敬亭叟②之家，毒于鼠暴。乃赂于捕野者，俾求狸之子，必锐于家畜。数日而获诸忻，逾得骏。饰茵以栖，给鳞以茹③，抚育之如字诸子。其攫生搏飞，举无不捷。鼠慑而殄影。

　　黄之骏《讨猫檄》④曰："捕鼠将佛奴者，性

---

【注释】

① 《畜狸说》写敬亭叟闹鼠灾，讨来一只野猫治鼠，结果"所蓄非蓄"，野性不改的狸猫"负其诚"而叛逃。本文有删节。

② 敬亭叟：作者曾在安徽宣城，宣城有敬亭山。敬亭叟当指山附近一老头。

③ 鳞：鱼。茹：吃，此犹"喂养"。

④ 黄之骏养一猫，虽斑烂如虎，却喜憨卧而不捕鼠。有鼠失足堕地，猫竟抚摩再四，导之而去。人称"念佛猫"，名曰"佛奴"。一日，老鼠竟登背踏肩，将佛奴的鼻子咬伤。黄之骏后遂作《讨猫檄》。

成巽懦①，貌托仁慈。学雪衣娘之诵经，冒尾君子之守矩。② 花阴昼懒，不管翻盆；竹簟宵慵，由他啮壁。甚至呼朋引类，九子环魔母之宫；叠背登肩，六贼戏弥陀之座③。而犹似老僧入定④，不见不闻；傀儡登场，无声无臭。优柔寡断，姑息养奸。遂占灭鼻之凶，反中磨牙之毒。阎罗怕鬼，扫尽威风；大将怯兵，丧其纪律。自甘唾面，实为纵恶之尤；

---

**〔注释〕**

① 巽（sūn）：劣势的样子。

② 雪衣娘：即白鹦鹉。唐天宝中，岭南献白鹦鹉，养之官中，岁久颇聪慧，洞晓言词，玄宗及贵妃皆呼为雪衣女，左右呼雪衣娘。 尾君子：指猴。宋陶《清异录》二《兽》："郭休隐居太山，畜一猕猴。谨格不愈规矩，呼曰尾君子。"

③ 九子魔母：佛经中的鬼子母。传说生有五百子，逐日吞食王舍城中的童子，后经独觉佛点化，成为佑人生子的女神。六贼戏弥陀：佛家称色、声、香、味、触、法为"六尘"，又视为"六尘"为"六贼"。弥陀有定性，六贼戏而不动。九子、六贼均借指老鼠通行无阻。

④ 入定：佛教晤。僧人静坐敛心，不起杂念，使心定于一处，叫入定。

谁生厉阶，尽出沽名之辈。<sup>①</sup>是用排楚人犬牙之阵，整蔡州骡子之军。<sup>②</sup>佐以牛棰，加之马索。轻则同于执豕，重则等于鞭羊。悬诸狐首竿头，留作前车之鉴；缚向麒麟楦上，且观后效之图。共奋虎威，勿教兔脱。<sup>③</sup>"

铎曰："昔万寿寺彬师，以见鼠不捕为仁<sup>④</sup>。群谓其诳语，而不知实佛门法也。若儒生一行作吏，以锄恶扶良为要。乃食君之禄，沽己之名，养邑之奸，为民之害。如佛奴者，佛门之所必宥，王法之所必

————【注释】————

① 尤：罪过，归咎。厉阶：祸端。

② 排楚：编排整齐。骡子之军：也作骡军，以骁勇著称。

③ 麒麟楦：唐朝人称演戏时装假麒麟的驴子叫麒麟楦。比喻虚有其表没有真才的人物。兔脱：逃跑。

④《古今谭概》载：万寿僧彬师尝对客，猫踞其旁，谓客曰："人言鸡有五德，此猫亦有之：见鼠不捕，仁也。鼠夺其食而让之，义也。客至设馔则出，礼也。藏物甚密而能窃食，智也。每冬月辄入灶，信也。"

诛者矣。"（《谐铎》<sup>①</sup>）

　　《义猫记》云：山右富人所畜之猫，形异而灵且义。其睛金，其爪碧，其顶朱，其尾黑，其毛白如雪，富人畜之珍甚。里有贵人子，见而爱之，以骏马易不与；以爱妾换不与；以千金购不与；陷之盗，破其家，亦不与。因携猫逃至广陵，依于巨富家。亦爱其猫，百计求之不得，以鸩酒毒之。其猫与人不离左右，鸩酒甫斟，猫即倾之，再斟再倾，如是者三。富人觉而同猫宵遁。遇一故人，匿于舟后，渡黄河，失足溺水。猫见主人堕河，叫呼跳号，捞救不及，猫亦投水，与波俱汩。

──────────〔注释〕──────────

①《谐铎》：《谐铎》收录作品一百二十二篇，每篇之后皆附"铎曰"，是古代小说用于发议论，抒感慨的一种论赞方式。铎：上古青铜乐器，在宣布政教法令或遇到战事时使用，这里指劝谏教育之意。

是夕，故人梦见富人云："我与猫不死，俱在天妃宫中。"天妃水神也，故人明日谒天妃宫，见富人尸与猫俱在神庑下，买棺瘗之，埋其猫于侧。

呜呼！虫鱼禽兽，或报恩于生前，或殉死于身后，如毛宝之白龟①，思邈之青蛇②，袁家儿之大狞犬③，楚重瞳之乌骓马④，指不胜屈。若猫之三覆鸩酒，

---

【注释】

① 《晋书·毛宝传》："初，宝在武昌，军人有于市买得一白龟，长四五寸，养之渐大，放诸江中。邾城之败，养龟人披铠持刀，自投于水中，如觉堕一石，视之，乃先所养白龟，长五六尺，送之东岸，遂得免焉。"

② 《续仙传》："唐孙真人名思邈，隐太白山，曾救一青蛇，乃龙子。后龙王召其至龙宫，得水府药方三千首。"

③ 《南史·袁粲传》："萧道成欲代宋，尚书令袁粲不从，举兵反抗，被诛。有幼儿方数岁，乳母携之投袁粲门生狄灵庆家避难，狄报之于官，儿遂被杀。后狄灵庆常见此儿骑一大狗嬉戏，如平时。经年余，忽有狗入其舍，啮死灵庆及其妻子，视之，即袁氏小儿生时常骑之狗。"

④ 西楚霸王项羽被困垓下，败走乌江渡口，便将乌骓马交给渔人渡过江去。项羽自刎身死后，乌骓马思念主人，翻滚自戕，马鞍落地化为一山，名叫马鞍山。

何其灵；呼救不得，殉之以死，何其义，又岂畜类中所多见者耶？然其人以爱猫故，被祸破家，流离异域，复遭鸩毒，非猫之几先①，有以倾覆之，其不死于毒者几希矣！及主人失足河流，跳叫求援，

---

【注释】

---

① 几先：先兆。

---

269

得相从于洪波之中，以报主人珍爱之恩。以视夫为人臣妾，患至而不能捍，临难而不能决者，其可愧也夫！其可愧也夫！（徐岳《见闻录》，并见《虞初新志》、《说铃》。）

张正宣《猫赋》云：猫之为兽，有独异焉。食必鲜鱼，卧必暖毡。上灶突兮不之怪，登床席兮无或嫌。恒主人之是恋，更女子之见怜。彼有位者仁民①，且豢养之兼及。在吾侪为爱物，岂嗜好之多偏。是故张大夫不辞猫精之贻号②，而童夫人肯使狮猫之亡旃③。（王朝清《雨窗杂录》）

------------------ 【注释】 ------------------

① 有位者：做官之人。仁民：将仁爱和仁义施之于人。兼及：同时关联到。

② 《南部新书》：连山张大夫抟，好养猫。以绿纱为帷，聚其内以为戏。或谓抟是猫精。

③ 《老学庵笔记》：(秦桧)其孙女封崇国夫人者，谓之童夫人，盖小名也。爱一狮猫，忽亡之，立限令临安府访求。及期，猫不获，府为捕系邻居民家，且俗劾兵官。兵官惶恐，步行求猫。凡狮猫悉捕致，而皆非也。乃赂入宅老卒，询其状，图百本，于茶肆张之。府尹因嬖人祈恳乃已。

**图书在版编目（CIP）数据**

猫苑 / (清) 黄汉著；严五代注译. -- 武汉：崇
文书局，2018.7（2024.5重印）

（雅趣小书 / 鲁小俊主编）

ISBN 978-7-5403-5080-2

Ⅰ.①猫… Ⅱ.①黄… ②严… Ⅲ.①猫－驯养－中
国－清代 Ⅳ.①S829.3

中国版本图书馆CIP数据核字(2018)第145367号

## 雅趣小书：猫苑

| | |
|---|---|
| **图书策划** | 刘 丹 |
| **责任编辑** | 程可嘉 |
| **装帧设计** | 刘嘉鹏 ꃌ design |
| **出版发行** | 长江出版传媒 Changjiang Publishing & Media　崇文书局 Chongwen Publishing House |
| **业务电话** | 027-87293001 |
| **印　刷** | 湖北画中画印刷有限公司 |
| **版　次** | 2018年7月第1版 |
| **印　次** | 2024年5月第2次印刷 |
| **开　本** | 880*1230　1/32 |
| **字　数** | 200千字 |
| **印　张** | 8.5 |
| **定　价** | 58.00元 |